JN097734

文系のための
データリテラシー

新井優太・池川真里亜・宗健・土田尚弘

実教出版

はじめに

・・・

　本書は文系向けの統計学の入門教科書として，はじめて統計を学習する人たちを対象としました。主要な対象となる文系の学生には，数式に苦手意識を持つ人も多いだろうため，できるだけ難解な数学は使わないよう，数式の掲載は定義のための最小限とし，文章による説明を重視しました。また，大学のテキストとしての使いやすさを考え，全体を3つの章（全17節）という構成としました。

　計算方法を理解できていることと，実際のデータ分析に活用できることの間には隔たりがあります。そこで，実際のデータに対する分析事例と，陥りがちな誤った分析事例についても豊富に取り扱い，就職後も役立てられるよう意識しました。

　データ活用社会にのぞむ文系学生，また，教科書的にまとまった本で学びたいという社会人にも役立ててもらえることを期待しています。

目　次

1章 記述統計学

本書で学ぶ統計学には，大きく分けて記述統計学と推測統計学の2つ
の分野があるが，本書ではまず記述統計学について学ぶ。記述統計
学では，データを要約・視覚化する手法を学ぶ。これによって，デー
タセットの特性やパターンを理解し，データから洞察を得ることができ
るようになる。また，例えばビジネス領域で意思決定を行う際，デー
タに基づいた判断が重要となるが，記述統計学を学ぶことで，データ
を評価し，意思決定の裏付けとなる情報を得ることができるようにな
る。

1 統計データの種類
― データを正しく扱うために ―

1章では，記述統計学について学んでいく。記述統計学は，手に入ったデータの要約やグラフでの表現によって，データの特徴を捉えることを目的としている。例えば，取引先ごとの売り上げを集計することで，大口の取引先を見つけることや，過去10年間の売り上げ推移をグラフ化することで，傾向を捉えることができる。そのような分析を行うためにはまず，データの種類について正しく理解しなくてはならない。この節では，データの「尺度」について学ぶ。尺度についての理解が不十分であると，誤った計算結果を導いてしまうこともあるため注意が必要である。加えて，本書の2章で学ぶ推測統計学のために必要な，母集団や標本といった考え方についても説明する。

1 記述統計学とは ●●●●●●●●●●●●●●●●●●●●

研究やビジネスシーンだけではなく日常生活においても，何らかの判断を行う際に根拠がほしいことは多々ある。例えばコンビニエンスストアで働いているとして，翌日の商品の発注を行わなければならない。多すぎれば廃棄などにより損失を出してしまうし，少なすぎれば売り上げの機会を失ってしまう。それではどのようにして，発注の数量を決めればよいのだろうか。多くの場合，過去の販売数などを参考にして，発注の数量を決めているであろう。また，ホットスナックやおでんのような商品の売り上げは，気温と関係性があるかもしれない。そのような商品については，翌日の天気予報などから発注の量を調整するといった対応も行われているであろう。この考え方の背後にあるのが，記述統計学である。記述統計学は，データの特徴を要約することや，グラフ化することを目的としている。これによって，データに対する理解を深めることができる。前述の例であれば，過去の売り上げの平均値（1章3節）や，ホットスナックの売り上げと気温の相関係数（1章6節）といった統計量を計算したり，回帰分析（1章7節）を行うことに対応する。

このように，統計的な量を計算し傾向を見つけることを統計分析ともいう。統計分析を行いたいとき，前述した過去の販売数のように，必ず何かしら分析

したい対象が存在するはずである。それは何かを測定することによって得られたものかもしれないし，アンケート調査などによって得られたものかもしれない。一般的に，そのようにして得られたものを**データ**（data）と呼ぶ。

　統計的な量を計算する際に，そのデータがどのような性質を持っているのか正しく理解していないと，いくら正しい手順で計算を行っていても誤った結果を招いてしまう。そこで本節では，データの性質による分類について説明する。その後で，それらのデータが複数集まった（蓄積された）ときの形態について説明する。

2　データの分類 ･･････････････････････････････

　まず，統計データの値に関する分類としては，大きく分けると**質的データ**（qualitative data）と**量的データ**（quantitative data）の2つがある。質的データというのは，例えば人の名前「統計太郎」のような文字で表されるデータがそうである。また，郵便番号や電話番号のように数値で表されてはいてもその数値自体には意味がなく，便宜的に割り振られたものも該当する。一方，量的データというのは，その名が示す通り数量的なデータ，つまり身長や体重，血圧など数値で表すことができるデータを指す。

　さらに，質的データと量的データは2つずつに分けることができる。具体的に，質的データは**名義尺度**（nominal scale）と**順序尺度**（ordinal scale），量的データは**間隔尺度**（interval scale）と**比率尺度**（ratio scale）に分けられる。ここまでの話を表1にまとめる。

表1．統計データの値に関する種類

データの分類	尺度	例
質的データ	名義尺度	名前，郵便番号
	順序尺度	順位
量的データ	間隔尺度	気温，西暦
	比率尺度	身長，体重，収入

　先ほど質的データとして説明した，人名のような文字データや，郵便番号，電話番号のような便宜的に割り当てられた数字のデータはすべて名義尺度と呼ばれる。質的データに含まれるもう1つの順序尺度は，数値の大小は意味のあ

るデータが該当する。例えばマラソンの順位や，商品の満足度がそうである。これらのデータは，順位であれば数値が小さいほど良い，満足度であれば高いほど良いといった順番には意味がある。しかしながら，満足度1と2，満足度4と5の間隔が等しいとは限らない。このような性質を持ったデータを順序尺度という。さらに，質的データに対する重要な性質として，**足し算や引き算が意味を持たない**ということがある。名義尺度である文字のデータに対しては，そもそも足し算・引き算を行うことができないため明らかだが，順序尺度である順位などについても足し算・引き算を行うことはできない。例えば，1位と2位を足したら3位になるという計算は成立しない。

次に，量的データに分類される間隔尺度と比率尺度について説明する。間隔尺度は順序尺度に数値間の間隔は等しいという性質（等間隔性）を加えたものである。等間隔性というのは，1と2，3と4の差である1はどちらも等しいことが保証されている性質のことである。間隔尺度の例としては，温度や西暦などが該当する。最後に，比率尺度である。これは間隔尺度の性質に加えて，0が原点であり，間隔だけでなく比率も意味を持つデータのことを指す。例としては，身長や体重が該当する。体重0というのは，本当になにもない，重さが存在しないときである。一方，間隔尺度で紹介した温度は，0℃のとき温度が0℃という状態を表しているだけであって，温度が存在しないわけではない。また，体重が100 kgから150 kgに増えたとき，体重が1.5倍になったという表現をするが，温度が30℃から45℃になったとしても，1.5倍になったという表現はしないであろう。このように，比率を計算するかどうかで考えると，間隔尺度と比率尺度は区別しやすい。また前述した通り，量的変数である間隔尺度と比率尺度については，足し算・引き算が意味を持つようになる。

一度に4つの尺度をすべて理解することが難しいと感じる場合には，まずは足し算などの計算が意味を持つ量的変数と，それ以外の質的変数の区別がつけば十分である。

3 データの蓄積方法に関する種類 ·················

先ほどまでは，データ1つ1つの種類について説明を行った。ここでは，それらの値を複数まとめて蓄積することによって作られた，データの集まりの種類について説明する。

① 時系列データ

時系列データ（time series data）はその名の通り，時間の変化に注目したデータである。自分の体重を毎日記録したもの，株価の終値を毎日記録したものなどが該当する。時系列データを作成する際には，原則として等時間間隔で作成を行う。表2に株価時系列データの例を示す。

表2. 株価時系列データの例

時点	1	2	3	4	5	6	7	8	9	10	11
終値（\$）	26.34	25.68	25.17	24.11	24.24	24.63	24.99	24.35	24.88	24.28	24.17

時系列データを分析することによって，昨日の株価と比較して今日の株価がどのような状態にあるのか，1年前の株価と現在の株価がどのような状態にあるのかを比較することができる。また，これまでの時間的な変化から今後どのように変化するのかを予測することも多い。

② 横断面データ（クロスセクションデータ）

続いて**クロスセクションデータ**（cross section data）である。クロスセクションデータは，ある時点における個人などに記録した複数の項目を集めたデータのことであり，同一時点での複数項目間の分析が可能である。クロスセクションデータの例を表3に示す。

表3. クロスセクションデータの例

時点	英語	国語	数学	社会	理科
1学期	58	62	53	89	67

③ パネルデータ

続いて**パネルデータ**である。パネルデータとは，同一の対象を継続的に観察して記録したデータのことである。例えば，ある学生のテストの点数を継続して記録したものであるとか，東証プライム市場に上場している企業の株価を継続的に記録したものである。表4にパネルデータの例を示す。

表をみるとわかるように，縦（列）方向にデータをみると時系列データであり，横（行）方向でみるとクロスセクションデータになっている。分析の強みがいろいろあることが知られている[1]。

---

1) パネルデータを分析する意義としては，箕輪（2013）に詳しくまとめられている。

表4. パネルデータの例

時点	英語	国語	数学	社会	理科
1 年 1 学期	58	62	53	89	67
1 年 2 学期	69	77	59	82	81
1 年 3 学期	97	58	81	50	66
⋮	⋮	⋮	⋮	⋮	⋮
3 年 3 学期	77	83	64	81	67

④ コーホートデータ

　コーホートデータとは，産まれた年ごとに記録し，経過時間に沿って集計したデータのことである。コーホートとは，「同年（あるいは一定期間）に生まれた人」の集団を意味する（表5）。

　このデータを用いた分析の例としては，人口や就業率の推移を世代別に比較するなどがある。マーケティングなどの分野では，同一出生年に限らず，同時期にある施設を訪れた人の集団や同時期にあるウェブサイトを訪れた人の集団のデータもコーホートデータとして扱うことがある。

表5. コーホートデータの例（自殺者数）

	調査年		出生年
	2015 年	2020 年	
20 〜 29 歳	2352	2521	1986 〜 1995 年
30 〜 39 歳	3087	2610	1976 〜 1985 年
40 〜 49 歳	4069	3568	1966 〜 1975 年
50 〜 59 歳	3979	3425	1956 〜 1965 年
60 〜 69 歳	3973	2795	1946 〜 1955 年
70 〜 79 歳	3451	3026	1936 〜 1945 年

https://www.npa.go.jp/publications/statistics/safetylife/jisatsu.html を参考に作成

4 　母集団と標本

　これまで様々なデータについて説明してきたが，これらの統計データを入手する方法の1つとして，アンケートなどの統計調査がある。このときに，対象とする集団の全員に対して調査を行う全数調査と，集団の一部だけを調査する標本調査がある。そして，対象とする集団全体のことを母集団，そこから選ばれた一部の集団のことを標本と呼ぶ（図1）。

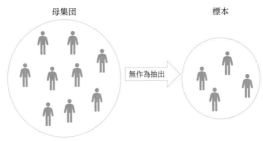

図1. 母集団と標本のイメージ

　例えば，ある大学に３つの学食，A店，B店，C店が出店しているとする。A店が，自社の満足度が他店と比べてどのようなものか知りたい場合，利用した大学関係者全体（全教職員・全学生）に対して満足度調査を行うのが全数調査，一部の教職員・学生のみに満足度調査を行うのが標本調査である。全数調査のほうが，より正確な調査であることはいうまでもない。しかし，大学関係者だけといえども全員に満足度調査を行うのは大変であり，費用も労力もかかる。そのため，一般的には一部の人（標本）に対して調査を行い，そこから関係者全体（母集団）の様子を推し量ろうと考える（標本調査）。

　標本調査では，標本から母集団の様子を推し量ろうとするわけであるから，標本の対象とした一部の人たちに属性の偏りがあると，正確に母集団の様子を推し量ることができない。例えば，学生の一部だけを抜き出して満足度調査を行った場合，その結果には教職員の意見が一切反映されていないため，大学関係者全体の様子を推測することはできないであろう。そこで，母集団から標本を抽出する際には，**無作為抽出**（random sampling）という方法で，母集団から調査対象を抽出することが基本となる。無作為抽出とは，完全かつランダムに標本を抽出することを意味する。例えば，100人を標本調査の対象とするならば，全大学関係者のリストからくじ引きでランダムに100人選ぶことである。

　本書では主に，２章が標本に深く関係する内容である。標本から母集団の様子を推測する学問を，統計学の中でも**推測統計学**（inferential statistics）と呼ぶ。ビジネスシーンで扱う統計データの多くは標本データであることが多いため，推測統計学は非常に実務的な学問であるといえる。

(1) 次の文中の下線部について，量的変数であるものはどれか。正しいと思う
    ものを選択せよ。

    1. 令和になってから発生した台風のうち，気象庁が〇〇台風と名称をつけた
       台風は，全部で <u>3 つ</u>ある。（2023 年 4 月 1 日現在）

    2. そのうち，一番最初の台風は令和元年 9 月の台風第 <u>15</u> 号である。

    3. また，この台風は「<u>ファクサイ</u>」という名前がついている。

    4. ファクサイの最低気圧は <u>955</u> hPa であったと報告されている。

(2) 次の文のうち，全数調査であるものはどれか。正しいと思うものを選択せ
    よ。

    1. 国勢調査

    2. 選挙の出口調査

    3. 空港の手荷物検査

    4. 商品の品質調査

> コラム　**リッカート尺度**
>
> 　例えばこれまでに，商品の満足度等に関するアンケートに答えた経験がある
> 人も多いのではないだろうか。そのようなアンケートには 1 が大変不満足で 5
> が大変満足，または，1 が非常に当てはまるで 5 が非常に当てはまらないとい
> う選択形式のものが多い。このような評価尺度のことをリッカート尺度と呼ぶ。
> 　リッカート尺度は，選択肢間の距離が等間隔ではないため，厳密には順序尺
> 度である。一方で，得られた結果を分析する際には，慣例的に間隔尺度として
> 扱われることも多く，例えば満足度の平均値などがよく計算される。ただし，
> リッカード尺度を間隔尺度として扱ってよいかは，専門家の間でも賛否が分か
> れる問題であり，明確な回答はないことに注意が必要である。

2 節 記述統計分析としてのクロス集計
― 統計的知識なしに活用可能なクロス集計 ―

　統計とは数学的技法を駆使した分析を行うことだけではない。難しい数学理論を使わなくても日常的,実務的に十分役に立つ分析を行うことは可能である。その中でも代表的な手法として「クロス集計」について具体例を交えて解説する。

1　クロス集計の意味 ･･････････････････････

　統計分析といえば,回帰分析やクラスター分析といった古典的な統計手法や,機械学習,ディープラーニングといったAI的なイメージのある手法を思い浮かべる人も多いだろう。

　しかし,統計分析を始める前に,取り扱うデータがどのようにいつ作られたもので,項目ごとの定義やデータの分布がどうなっていて,異常値がないかを確認するといったデータの確認を行う必要がある。

　そのために,いわゆる記述統計の分野では,算術平均・中央値・標準偏差等を計算し,ヒストグラムや箱ひげ図で分布を確認し,異常値や外れ値の有無やその取り扱いを決めるといったことをまず行う。こうした記述統計の基本については後のページで説明するが,そうした知識がなくても行えるクロス集計について本節で解説する。

　一般的な仕事の現場では複雑な統計的手法を使わなくてもデータの傾向をある程度把握し,一定の解釈を加えることで有益な情報を得ることができることが多い。研究論文でも,論文には記載されていなくとも,分析の最初のプロセスは記述統計とクロス集計から始めることも多い。

　そして,一見単純なクロス集計から,意外な発見があることも多く,どのような軸でクロス集計を行うかが実は極めて重要であり,その軸を見つけ出すことに個人のセンスが現れる。

　そのような効果的なクロス集計の軸を自動的に見つけ出すような便利で簡単なツールはないので,何度もデータ分析を繰り返した経験を元にしたデータを見抜く力とでもいうセンスがものをいう。逆にいえば,数学が得意ではなくて

もそうしたセンスを身につけることで，実務的な分析能力を発揮することもできる，ということだ。

2 単純集計の実例 ····························

　クロス集計の実例をみていこう。集計に使用したデータは，コロナによる生活への影響を調査したアンケートデータである。

　このデータには，テレワークしたかどうか，コロナによって人と会わなくなったかどうか，仕事のスキルや能力が上がったかどうか，テレワークしている友人・知人が多いか少ないか，といった複数の設問に対する回答が含まれており，回答者の属性としては性別，年齢，居住都道府県，職業，年収といったものが含まれている。

　こうしたデータを集計する場合には，まずどの項目に着目して集計を行うかが問題になるが，今回は，テレワークしたかどうか，から集計をする。なお，集計には世界で最も普及しており使用しているユーザー数の多い Microsoft の Access を使い，集計結果は Excel に貼り付けて整形した。

　こうしたアンケートデータの処理では，アンケート項目の定義表を元に raw data を Access に読み込み，集計を行うため集計結果は表1のようになる。表1の Q1S7 というのがアンケートの設問番号であり，「テレワークをしたかどうか」という調査内容を表しており，集計結果の1が「テレワークした」，2が「テレワークしていない」という回答を示している。「SAMPLEID のカウント」が Access のクエリを使ったときの回答者数である。

表1. Access を使った単純集計の結果

Q1S7	SAMPLEID のカウント
1	874
2	2252

　この表を見せられても，何を集計したのかがわからないため，表2のように整形したものを通常は使用する[1]。

1）皆さんが通常見ている報告書の表などは，こうした手間をかけて作られている。

表2. テレワーク実施有無の単純集計結果

回答	回答者数	構成比
している	874	28.0%
していない	2,252	72.0%
合計	3,126	100.0%

　この表はクロス集計表とは呼ばず，通常は単純集計表と呼ばれるが，この表だけでも，「世の中ではテレワークしている人は3割程度しかいない」という結果を読み取ることができ，「世の中の全員がテレワークしているという前提で物事を考えてはいけない」と解釈することができる。

3　クロス集計の実例① ∙∙∙∙∙∙∙∙∙∙∙∙∙∙∙∙∙∙∙∙∙∙∙∙∙∙∙∙∙∙∙

　表2をみてもテレワークしている人の比率はわかるが，どのような属性の人がテレワークしているかは読み取れない。

　そこで登場するのがクロス集計表である。ここでも Access の集計結果をそのまま使うと表3のようになり，整形すると表4になる。

表3. Access を使ったクロス集計の結果

Q1S7	0	1
1	621	253
2	1304	948

表4. テレワーク実施有無の男女別クロス集計の結果

回答	男性	女性	合計
している	621	253	874
していない	1,304	948	2,252
合計	1,925	1,201	3,126

　表4をみれば，男性のほうがテレワークしている人が多いように思えるが比率が読み取れないので，ここに横パーセント（横の合計に対する比率）と縦パーセント（縦の合計に対する比率），総パーセント[1]を加えると表5のようにわ

1）横パーセントは行パーセントともいう。同様に縦パーセントは列パーセントともいう。総パーセントには別の呼び方はない。

表 5. テレワーク実施有無の男女別クロス集計の結果（構成比付）

回答	男性	女性	合計	男性	女性	合計
している	621	253	874	71.1%	28.9%	100.0%
していない	1,304	948	2,252	57.9%	42.1%	100.0%
合計	1,925	1,201	3,126	61.6%	38.4%	100.0%
している	32.3%	21.1%	28.0%	19.9%	8.1%	28.0%
していない	67.7%	78.9%	72.0%	41.9%	30.0%	72.0%
合計	100.0%	100.0%	100.0%	61.6%	38.4%	100.0%

かりやすくなる。

　ここまで集計すると，「テレワークしている人のうち男性は 71.1% と 2/3 以上を占めるが，テレワークしていない人では男性比率が 57.9% と若干下がる」「男性の 32.3% がテレワークしているが，女性は 21.1% しかテレワークしていない」「テレワークしている男性は全体の 19.9% で，女性は 8.1% しかいない」ということがわかり，やはり男性のほうがテレワークしているようだ，という結果が読み取れる。

　クロス集計では，この横パーセントと縦パーセントを集計することが大切で，この比率だけで様々なことを読み取れることが多い [1]。

4　クロス集計の実例②

　男性のほうがテレワークすることが多い傾向にあることはわかったが，多くの人はここで所得との関係も気になったと思う。そこで，所得を 500 万円未満，500 万円以上 1000 万円未満，1000 万円以上に分けてテレワークしているかどうかをクロス集計する [2]。

---

[1] 表 5 では男性のテレワーク実施率は 32.3%，女性のテレワーク実施率は 21.1% と 10% 以上の差がある。そのため男女のテレワーク実施率の違いはたまたまではなく，統計的に意味のあることだと考えることができそうだ。しかし厳密には，カイ二乗検定による独立性の検定を行い統計的に有意な差があるかを確認する必要がある。回答者数が数百人いて 1% 程度の差の場合に検定してみると統計的には有意な差ではなく，たまたま差が出たという結果になることもある。

[2] 本書では取り扱わないが，実際の集計では区分値やダミー変数を設定したりしてクロス集計を容易に行えるようなデータ処理を行うことが多い。

表6. テレワーク実施有無の所得別クロス集計の結果（構成比付）

回答	500万円未満	500万円以上1000万円未満	1000万円以上	合計	500万円未満	500万円以上1000万円未満	1000万円以上	合計
している	437	274	87	798	54.8%	34.3%	10.9%	100%
していない	1,542	398	79	2,019	76.4%	19.7%	3.9%	100%
合計	1,979	672	166	2,817	70.3%	23.9%	5.9%	100%
している	22.1%	40.8%	52.4%	28.3%	15.5%	9.7%	3.1%	28.3%
していない	77.9%	59.2%	47.6%	71.7%	54.7%	14.1%	2.8%	71.7%
合計	100%	100%	100%	100%	70.2%	23.9%	5.9%	100%

　表6[1)]をみると，年収が500万円未満の場合のテレワーク実施率は22.1％だが，年収が500万円以上1000万円未満では40.8％に上昇し，年収1000万円以上では過半数の52.4％と，年収に比例してテレワーク実施率が上昇していることがわかる。一方，テレワークしている人のうち年収が1000万円を超えるのは10.9％に過ぎず，全体でも5.9％と少数派であることがわかる。

5　クロス集計の実例③ ●●●●●●●●●●●●●●●●●●●●●●●●

　年収によってテレワーク実施率に違いがあることがわかったが，男性と女性で年収がどのように違うのか，ということもクロス集計で確認することができる（表7）。

表7. 男女別所得のクロス集計の結果（構成比付）

回答	500万円未満	500万円以上1000万円未満	1000万円以上	合計	500万円未満	500万円以上1000万円未満	1000万円以上	合計
男性	1,005	595	154	1,754	57.3%	33.9%	8.8%	100%
女性	974	77	12	1,063	91.6%	7.2%	1.1%	100%
合計	1,979	672	166	2,817	70.3%	23.9%	5.9%	100%
男性	50.8%	88.5%	92.8%	62.3%	35.7%	21.1%	5.5%	62.3%
女性	49.2%	11.5%	7.2%	37.7%	34.6%	2.7%	0.4%	37.7%
合計	100%	100%	100%	100%	70.3%	23.9%	5.9%	100%

1) 所得不明の回答者を除いて集計しているため表5とは合計人数が異なる。

表7をみると，男性のうち年収が500万円未満なのは半数強の57.3％だが，女性の91.6％は年収500万円未満であり，年収1000万円以上は男性の8.8％，女性の1.1％と，やはり全体として男性の年収が高い傾向にあることがわかる。こうした男女別の年収の違いは，年収の算術平均と標準偏差を計算することでも確認でき，計算してみると，表8のようになる[1]。

表8. 男女別所得の記述統計量

性別	回答者数	平均	標準偏差	最小	最大
男性	1,650	525	441	1	6,000
女性	779	245	229	1	2,500
合計	2,429	435	407	1	6,000

表8をみても，男性の年収平均が525万円と女性の平均245万円よりも大幅に高くなっていることがわかる。また，回答者数の総数が2,429名と表7の総数2,817名よりも少なくなっているのは，年収が0または欠損の場合を集計から除外しているためである[2]。

さらに，表8の基本統計量（記述統計量ともいう）を使わずに，一定の限界はあるにしてもクロス集計だけでもデータの傾向を把握することができる。4節と5節で詳細を説明するが，算術平均は外れ値の影響を受けやすいが，クロス集計では外れ値の影響が小さいという利点もある。例えば，100人の年収の平均を計算する場合でも，一人だけ年収1億円という人がいれば平均を大きく押し上げるが，年収500万円未満，年収500万円以上1000万円未満，年収1000万円以上の3つの区分でクロス集計する場合，年収1億円の人は年収1000万円以上に区分されるだけで，集計値に大きな影響が出ない。そのためクロス集計表を使う場合は，記述統計や多変量解析のような統計手法を使う場合よりも，データの分布や外れ値をあまり気にしないでも，実務上は問題が小さいという利点がある。

---

1) 記述統計の詳細は1章3節〜5節で説明する。
2) 0または欠損値の集計上の扱いはソフトウェアによって異なる（欠損値を自動的に除外する / 欠損値を0と見なすなど）ため注意が必要である。

　ここまでのクロス集計でテレワークしているのは男性のほうが女性よりも多く，年収が高いほどテレワークしている率が高まること，男性のほうが女性より年収が高い傾向にあることがわかった。

　これらを組み合わせた多重クロス集計と呼ばれる集計も可能で，テレワーク

表9. 性別・年収別のテレワーク実施有無の多重クロス集計

回答	性別	500万円未満	500万円以上1000万円未満	1000万円以上	合計
している	男性	248	249	81	578
	女性	189	25	6	220
	小計	437	274	87	798
していない	男性	757	346	73	1,176
	女性	785	52	6	843
	小計	1,542	398	79	2,019
合計		1,979	672	166	2,817

している	男性	56.8%	90.9%	93.1%	72.4%
	女性	43.2%	9.1%	6.9%	27.6%
	小計	100%	100%	100%	100%
していない	男性	49.1%	86.9%	92.4%	58.2%
	女性	50.9%	13.1%	7.6%	41.8%
	小計	100%	100%	100%	100%
合計		—	—	—	—

している	男性	12.5%	37.1%	48.8%	20.5%
	女性	9.6%	3.7%	3.6%	7.8%
	小計	22.1%	40.8%	52.4%	28.3%
していない	男性	38.3%	51.5%	44.0%	41.7%
	女性	39.7%	7.7%	3.6%	29.9%
	小計	77.9%	59.2%	47.6%	71.7%
合計		100%	100%	100%	100%

しているかどうかを，男女・年収別にクロス集計すると表9[1]のようになる。

表9のような多重クロス集計表は2項目のクロス集計表よりも複雑になっており，結果の読み取りが難しくなっているが，男女別に分けてみても年収1000万円以上ではテレワークしている男性が48.8%，テレワークしていない男性が44.0%，テレワークしている女性が3.6%，テレワークしていない女性が3.6%となっており，年収1000万円以上は男性が圧倒的に多く，テレワークしている率が高いことがわかる。

逆に年収500万円未満では，テレワークしている男性は12.5%に過ぎず，テレワークしていない男性が38.3%，テレワークしている女性も9.6%に過ぎず，テレワークしていない女性が39.7%と，男性と女性の数はあまり変わらないがテレワークしている比率は低いことがわかる。

表9は，行側を2つ，列側を1つとした多重クロス集計だが，項目を増やして行側を3つにしたクロス集計も集計することはできる。ただし，項目を増やせば増やすほど，データの読み取りは複雑になり，実務的にはあまり有益な結果が得られないことも多い。

そのためクロス集計は2項目にとどめ，クロス集計を行う条件を絞り込み，複数のクロス集計表を並べて比較することで，解釈しやすくするのが一般的である。表9を性別ごとの2つのクロス集計表に分けると表10のようになる。

このように集計対象を絞り込んで集計することを，層別化するというが，これも重要な集計方法の1つである。

7 設問間のクロス集計 ••••••••••••••••••••••••

クロス集計は，回答者の属性を元に行うこともあれば，設問間で行うこともある。例えば，本節で使っているデータには，テレワークしているかどうか以外にも数十項目の設問があり，テレワークしているかどうかと，テレワークしている友人・知人が多いかどうか，という設問を組み合わせてクロス集計してみると表11のような興味深い結果が得られる。

---

[1] 横パーセント表は省略している。またテレワークしている・していないという回答をそれぞれ男性・女性で集計している(多重させている)ため，縦パーセント表も2つ作成されていることに注意。

表 10. テレワーク実施率の年収別クロス集計を男女別に別表にしたもの

テレワークしているかどうか（男性）

回答	500万円未満	500万円以上1000万円未満	1000万円以上	合計		500万円未満	500万円以上1000万円未満	1000万円以上	合計
している	248	249	81	578		42.9%	43.1%	14.0%	100%
していない	757	346	73	1,176		64.4%	29.4%	6.2%	100%
合計	1,005	595	154	1,754		57.3%	33.9%	8.8%	100%

回答	500万円未満	500万円以上1000万円未満	1000万円以上	合計		500万円未満	500万円以上1000万円未満	1000万円以上	合計
している	24.7%	41.8%	52.6%	33.0%		14.1%	14.2%	4.6%	33.0%
していない	75.3%	58.2%	47.4%	67.0%		43.2%	19.7%	4.2%	67.0%
合計	100%	100%	100%	100%		57.3%	33.9%	8.8%	100%

テレワークしているかどうか（女性）

回答	500万円未満	500万円以上1000万円未満	1000万円以上	合計		500万円未満	500万円以上1000万円未満	1000万円以上	合計
している	189	25	6	220		85.9%	11.4%	2.7%	100%
していない	785	52	6	843		93.1%	6.2%	0.7%	100%
合計	974	77	12	1,063		91.6%	7.2%	1.1%	100%

回答	500万円未満	500万円以上1000万円未満	1000万円以上	合計		500万円未満	500万円以上1000万円未満	1000万円以上	合計
している	19.4%	32.5%	50.0%	20.7%		17.8%	2.4%	0.6%	20.7%
していない	80.6%	67.5%	50.0%	79.3%		73.8%	4.9%	0.6%	79.3%
合計	100%	100%	100%	100%		91.6%	7.2%	1.1%	100%

表 11. テレワーク実施有無とテレワークしている友人が多いかどうかのクロス集計

	多い	多くない	合計		多い	多くない	合計
している	482	392	874		55.1%	44.9%	100%
していない	372	1,880	2,252		16.5%	83.5%	100%
合計	854	2,272	3,126		27.3%	72.7%	100%

	多い	多くない	合計		多い	多くない	合計
している	56.4%	17.3%	28.0%		15.4%	12.5%	28.0%
していない	43.6%	82.7%	72.0%		11.9%	60.1%	72.0%
合計	100%	100%	100%		27.3%	72.7%	100%

　表 11 をみると，テレワークしているという回答者のうち半数以上の 55.1%がテレワークしている友人・知人が多いと回答しているのに対して，テレワークしていないという回答者は 83.5%がテレワークしている友人・知人が多くな

いと回答している。この結果は，テレワークしている人達とテレワークしていない人達は社会的な接点が少ないこと，すなわち社会的に分断されていることを強く示唆している。

　クロス集計ではこのような興味深い結果が得られることがあるが，一定の方法に従って分析すれば必ずこうした結果が得られるというわけではない。論文では「探索的に分析を行った結果」といった表現が用いられるが，どの設問とどの設問を組み合わせれば，意義のある結果が得られるかを見つけ出すことは，どのような仮説を持てるかという着目点を見つけることと同様に，積み重ねてきた分析の経験によるところも大きい。

8　クロス集計のグラフ表現 ・・・・・・・・・・・・・・・・・・・・・・・・

　クロス集計表は集計結果を数値で表示するだけではなく，Excel のデータバー機能と条件付書式設定を組み合わせて，表 12 のようにグラフと組み合わせて表現することができる[1]。

　表 12 をみるとテレワーク実施率も年収も大都市部が高く，大卒率も大都市部が高くなっていることがわかる。

　また，表 12 では石川県の大卒率が 63.3 % と高かったりすることから，3000名程度のサンプルサイズではこうした都道府県別集計でもかなりの誤差が生じていることもわかる。

9　まとめ ・・・

　クロス集計は本節で示したようなアンケートデータの集計だけではなく，売り上げを組織別，地域別，商品別に集計したり，ウェブのアクセス数を時間別，日別，画面別に集計したり，と実務では極めて頻繁に使われる。

　また，クロス集計の行と列にどのような項目を選択するかは，実は因果関係を考えることでもあり[2]，後で取り扱う回帰分析の目的変数と説明変数を考えることにもつながっていく。

---

1) 集計された数値だけではなく，データバーや条件付書式を使うと直感的に視覚で傾向を把握することができ，解釈のためにも，説明のためにも非常に有効な手法であるため，こうした Excel 等の操作方法に習熟することも統計分析では非常に有用である。
2) 例えば表 7 では行側がテレワークしているかどうか，列側が年収となっており，テレワークしているかどうかを年収の違いでどの程度説明できるのかを解釈することを目指している。

表12. 都道府県別テレワーク実施率等のクロス集計結果

都道府県	回答者数	テレワークしている	大卒	年収500万円以上	年収1000万円以上
東京都	377	**42.2%**	**62.9%**	**35.3%**	**9.0%**
神奈川県	242	**39.3%**	**62.0%**	31.0%	**8.3%**
富山県	24	**37.5%**	41.7%	12.5%	0.0%
京都府	63	**34.9%**	58.7%	**31.7%**	**7.9%**
石川県	30	**33.3%**	**63.3%**	13.3%	0.0%
群馬県	45	31.1%	48.9%	31.1%	**8.9%**
愛知県	205	30.2%	58.5%	**32.2%**	6.3%
山梨県	20	30.0%	55.0%	25.0%	5.0%
山口県	30	30.0%	33.3%	**33.3%**	0.0%
千葉県	147	29.9%	55.1%	26.5%	4.1%
福岡県	117	29.9%	54.7%	25.6%	6.0%
広島県	61	29.5%	44.3%	**32.8%**	6.6%
福井県	17	29.4%	23.5%	**35.3%**	5.9%
茨城県	70	28.6%	47.1%	30.0%	5.7%
埼玉県	176	28.4%	54.0%	29.0%	2.8%
愛媛県	36	27.8%	44.4%	13.9%	0.0%
栃木県	47	27.7%	31.9%	23.4%	2.1%
新潟県	62	27.4%	35.5%	16.1%	1.6%
大阪府	231	27.3%	57.6%	26.0%	**8.2%**
岐阜県	52	26.9%	57.7%	26.9%	1.9%
島根県	19	26.3%	42.1%	26.3%	**7.4%**
兵庫県	135	25.9%	54.8%	29.6%	**7.4%**
長崎県	34	23.5%	26.5%	23.5%	2.9%
***	50	22.0%	42.0%	24.0%	**8.0%**
***	42	21.4%	35.7%	**33.3%**	4.8%
***	24	20.8%	**62.5%**	**33.3%**	**8.3%**
***	25	20.0%	44.0%	20.0%	0.0%
***	45	20.0%	37.8%	20.0%	2.2%
***	30	20.0%	53.3%	10.0%	3.3%
***	126	19.8%	43.7%	25.4%	5.6%
***	41	19.5%	43.9%	17.1%	0.0%
***	51	17.6%	58.8%	29.4%	2.0%
***	24	16.7%	29.2%	4.2%	0.0%
***	30	16.7%	**70.0%**	20.0%	**10.0%**
***	24	16.7%	54.2%	25.0%	4.2%
***	24	16.7%	50.0%	29.2%	0.0%
***	38	15.8%	50.0%	10.5%	0.0%
***	97	15.5%	48.5%	23.7%	4.1%
***	33	15.2%	**69.7%**	**33.3%**	6.1%
***	33	15.2%	33.3%	12.1%	0.0%
***	27	14.8%	25.9%	11.1%	0.0%
***	24	12.5%	41.7%	20.8%	0.0%
***	16	12.5%	43.8%	6.3%	6.3%
***	30	10.0%	43.3%	10.0%	0.0%
***	13	7.7%	7.7%	7.7%	0.0%
***	16	6.3%	50.0%	25.0%	0.0%
***	21	0.0%	47.6%	19.0%	0.0%
全国	3,124	27.9%	52.3%	26.8%	5.3%
平均	66	22.8%	46.8%	23.0%	3.5%
標準偏差	73	8.8%	12.6%	8.6%	3.3%
最小	13	0.0%	7.7%	4.2%	0.0%
最大	377	42.2%	70.0%	35.3%	10.0%

平均＋1標準偏差以上を背景グレー，平均−1標準偏差以下を背景青

テレワークしている率が平均未満の道県名は非表示

ここまで説明してきたクロス集計のやり方では，統計的な専門知識はほぼ使っていないことに注意してほしい。単純に項目別に回答者数を集計して，その構成比を計算しただけであり，微分も積分も行列の知識も必要ない。データをパソコンで取り扱い，ソフトウェアでクロス集計するだけでも，かなりの統計分析ができる。

　ここまでのクロス集計の結果をみてもらえばわかるように，統計分析とは複雑な多変量解析を行うデータ処理を行うことよりも，集計・分析した結果を読み取り，その意味を解釈することが極めて重要である。そのためにはクロス集計が分析の基盤となることも多く，多重のクロス集計では把握しにくい分析をわかりやすく示し，解釈しやすくするために重回帰分析等の多変量解析を用いると考えることもできる。多変量解析はいわばクロス集計を重ね合わせて，1つ1つの変数の影響を示す手法であり，変数統制を行う，といった言い方もされる。

　実務的には，統計理論の理解と同じかそれ以上に，基本的なソフトウェアを使いこなすことが大切であり，Excel，Access を使いこなすことは，Qlik sence や Tableau といった BI ツールや，R や stata，SPSS，Python[1] といった専門的なソフトウェアを使いこなすためにも十分に活用できる。

　4 節以降で具体的な統計理論の説明が始まるが，なかなかそれらの統計手法を実務で使いこなすのは難しく，経験が必要になってくる。そのため，本節で説明したクロス集計を併用して経験を積んでいくことで，ソフトウェアの操作やデータの読み取りと解釈に習熟し，そうした経験を通じて理論的な理解を深めていくことができる。

1）Python は統計処理によく使われるが，本来は統計専門ソフトではなく汎用プログラミング言語の一種である。

(1) クロス集計の特徴について正しいものをすべて選べ。

① クロス集計とは，2つ以上の項目を掛け合わせて集計することである。

② クロス集計は，外れ値や異常値の影響を受けにくい。

③ クロス集計には，高度な数学の知識は特段必要ない。

④ クロス集計は，企業等でよく使われている手法である。

(2) クロス集計の特徴について，間違っているものをすべて選べ。

① クロス集計の結果から必ず因果関係が読み取れる。

② クロス集計の結果で差があれば必ず違いがある。

③ クロス集計の結果は常に変数統制されている。

(3) 身近な事例からクロス集計が可能な事例を挙げよ。

3
節

正規分布とは
― 最も重要で，最も有名な確率分布 ―

　日本人男性の平均身長は 170 cm 程度，という話を聞いたことがある人もいるだろう。それに応じて，170 cm を超えたとか超えないとか，四捨五入したら超えるから平均よりも高いとか，気にしている人もいるかもしれない。自分の身長が，平均と比べてどの程度なのか気になる人もいるだろう。本節では，身長をはじめとした多くの自然現象や，社会現象のデータの散らばりを表現する正規分布について取り扱う。

1　正規分布とは

　図 1 は，文部科学省「学校保健統計調査」（令和 2 年度確報版　全国表　身長の年齢別分布）の度数割合から逆算して作成した，17 歳男性 10,000 人分の身長のデータを棒グラフで表示したものである。

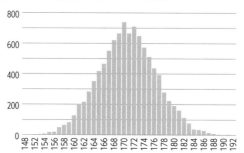

文部科学省　「学校保健統計調査」　令和 2 年度確報版　全国表　身長の年齢別分布
図 1. 17 歳男性 10,000 人の身長の分布

　見ての通り，おおよそ平均といわれている 170 ～ 172 cm の割合が最も高く，そこから高身長あるいは低身長になるほど，その割合は少なくなっていることが見て取れる。また，平均を中心としておおよそ左右対称の山型のグラフとなっている。図 1 は 17 歳男性の例だが，身長に関しては 17 歳男性に限った分布ではない。

　図 2 は同様に，文部科学省「学校保健統計調査」（令和 2 年度確報版　全国表　身長の年齢別分布）の度数割合から逆算して作成した，6 歳男子 10,000 人

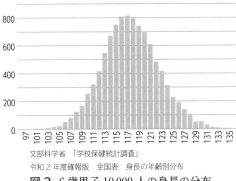

文部科学省 「学校保健統計調査」
令和 2 年度確報版 全国表 身長の年齢別分布
図 2. 6 歳男子 10,000 人の身長の分布

分の身長のデータを棒グラフで表示したものである。6 歳男子の場合でも，おおよそ平均身長といわれる 116 〜 118 cm あたりを中心に，そこから高身長あるいは低身長になるほど，その割合は低くなっている。こちらも，平均を中心としておおよそ左右対称の山型のグラフとなっている。

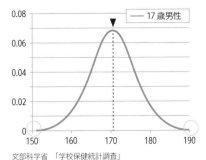

文部科学省 「学校保健統計調査」
令和 2 年度確報版 全国表 身長の年齢別分布
図 3. 17 歳男性 10,000 人の身長の分布
（確率密度）

17 歳男性 10,000 人の身長の分布を表した図 1 を単純化すると，図 3 のように表せる。このような，平均を中心として，左右対称となる山型[1] のグラフの形状は，**正規分布**（normal distribution）と呼ばれる。一般的に，身長は「おおよそ」正規分布に近似するといわれている[2]。

1）あるいはベル型，釣鐘型，単峰型，などともいう。
2）厳密には正規分布ではないが，詳細は 2 章 2 節で後述する。

正規分布には，以下の 5 つの定義がある。

① 中心が平均値

これは，ここまでのグラフでも確認した通りである。また，正規分布に従うデータは，平均値，中央値 [1] が一致する。図 3 中の▼の位置が平均値であり，中央値とも一致する。

② 左右対称

正規分布は平均値を中心にして左右対称である。より正確にいうと，平均値において，横軸に対して引いた垂線（図 3 中の破線）に関して左右対称である。

③ 単峰

ここまでの図で確認した通り，正規分布は単峰（ひと山型）の形状をとる。山が 2 つ以上になるような形状の場合は，正規分布ではない。これについては後述する。

④ 横軸が漸近線

正規分布の横軸は，正規分布のグラフの漸近線である。漸近線とはすなわち，曲線との距離が限りなく近づいていくものの，接しない直線のことである。つまり図 3 のグラフの左端あるいは右端（図 3 中の円部分）は，横軸とグラフの距離（すなわち縦軸の値）は，ほぼゼロに見えるものの，ゼロではない。この図では横軸の値は 150 から 190 までしか表示されていないが，仮に $-\infty$ や ∞ [2] まで延長したとしても，決して正規分布のグラフと接することはない [3]。

1）中央値については 1 章 4 節で後述する。
2）∞（無限大）を表す記号。∞ とは，限りなくどんな正数よりも大きいことを表す。
3）例えば身長などは実際には負の値をとることはあり得ないが，正規分布を含む確率分布を理論的に想定する際は延長して考える。

⑤ 分散（標準偏差）によって形状が変わる

　正規分布のグラフは，分散あるいは標準偏差[1] の値によって形状が変わる。分散（標準偏差）が大きくなると，曲線の山は低くなり，左右に広がって平らになる。分散（標準偏差）が小さくなると，山は高くなり，よりとがった形になる。

　以下の図に例を示す。図4は，男性17歳10,000人の身長の分布と，6歳10,000人の身長の分布をそれぞれ表したグラフを並べたものである。定義①の通り，正規分布は平均値が中心となるため，当然17歳のグラフと6歳のグラフは位置が大きく異なる。ここで注目したいのは，それぞれの「山の高さ」だ。6歳のグラフのほうがより山が高いことが，縦軸の値を読み取ることでわかる。一方で，裾の広さ，すなわち「山の幅」は17歳のグラフのほうがより広く見える。

　実際に標準偏差の値を計算してみると，17歳の標準偏差はおおよそ5.85，6歳の標準偏差はおおよそ4.99となっており，標準偏差の値が大きいほど，山が低くなりかつ左右に広がる形状となり，標準偏差の値が小さいほど，山が高くとがった形状になっていることがわかる。

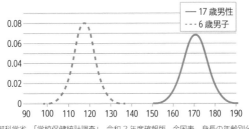

文部科学省 「学校保健統計調査」 令和2年度確報版 全国表 身長の年齢別分布
図4. 男性17歳と6歳の10,000人の身長の分布（確率密度）

　より端的な事例は図5である。図5は，平均値を0とし，標準偏差1となるよう仮想的に作成したデータと，同じく平均値を0とし，標準偏差2となるよう仮想的に作成したデータを重ねて図示したものである。この図からも，平均値が同じであれば，標準偏差の値が大きいほど，山が低くなりかつ左右に広がる形状となり，標準偏差の値が小さいほど，山が高くとがった形状であることがわかる。さらに，標準偏差の値が2倍（1→2）になると，山の高さは1/2

---

1) 分散や標準偏差は，データのばらつきを表す統計量の1つである。数値が大きいほど，データのばらつきが大きいことを示す。詳細は1章5節で後述する。

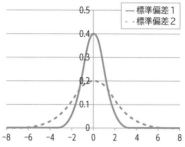

図 5. 標準偏差によるグラフの形状のちがい

$(0.4 \rightarrow 0.2)$ になっていることにも注目したい [1]。

③ 正規分布とデータの数 ・・・・・・・・・・・・・・・・・・・・・・・・・・

　ここまで 10,000 人の身長のデータの事例で，身長は「おおよそ」正規分布に従うことを見てきた。では，データの数は正規分布の形状とどのような関係があるのかを見ていく。

　図 6 は，17 歳男性 10,000 人の身長のデータからそれぞれ，50 人分，100 人分，500 人分のデータをランダムに抽出し，棒グラフに表したものである。

　上段の 50 人分を抽出したグラフでは，おおよそ中心（すなわち平均値）付近にデータが多いことが確認できるものの，左右対称とはなっておらず，また単峰型とも言い難い。

　中段の 100 人分を抽出したグラフでは，50 人分を抽出した上段のグラフよりも左右対称に近づいてきている。一方で，中心である平均値付近の他にも，164 cm 付近にも山ができており，単峰型にはなっていない。

　最後に下段の 500 人分を抽出したグラフでは，上記 2 つのグラフに比べて，左右対称に近づき，平均値付近を中心とした単峰型にも近づいてきている。これらの特徴から，かなり元のグラフ（図 1）に近づいてきていると考えられる。

　このように，元のデータが正規分布に従うならば，そこから抽出したデータは，データの数が増えるほど，元のデータの分布である正規分布の形状に近づく。より正確に述べるなら，抽出したデータの平均値は，抽出回数を増やすほど元のデータの平均値に近づく。

1）その理由については，2 章 2 節で後述する。

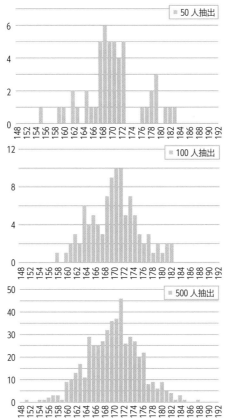

文部科学省 「学校保健統計調査」
令和2年度確報版　全国表　身長の年齢別分布

図6. 男性17歳50人・100人・500人の身長の分布（無作為抽出）

　試行数を大きくすると，標本[1] の平均は母集団の平均に近づくことが知られており，これを**大数の法則**という[2]。ここでいう試行数とは，すなわち抽出回数のことを表す。

1）標本，および母集団については，1章1節を参照。
2）ここでは，ベルヌーイによる大数の弱法則（Weak Law of Large Number）のことを指す。より一般的には「独立同分布（IID：Independent and Identically Distributed）に従う確率変数列の標本平均は，母平均に収束する」と定義されるが，導出や証明には確率行列の収束を含めた数学的知見が必要となり，本書の範疇を越えるためここでは割愛する。

4 正規分布にはならないもの ·····················

最後に，正規分布にはならないものの事例を紹介する。前述の「正規分布の定義」を参考に，どのような部分で正規分布とはいえないのかを考えながら読み進めてほしい。

まず図7のグラフは，2020年10月時点での，日本の総人口[1]を棒グラフに表したものである。まず，見ての通り左右対称の形状（正規分布の定義②）になっていないため，正規分布とはいえない。また，40代後半付近と，70代前半付近の2か所に山があり，単峰型ともいえない（正規分布の定義③）。厚生労働省「簡易生命表」によると，2021年の平均寿命は男性が81.47歳，女性が87.57歳といわれており，グラフからも80代以降（図中右側）では急激に人口が減少していることが見て取れる。一方で，図中左側の若年層では緩やかなカーブを描いている。

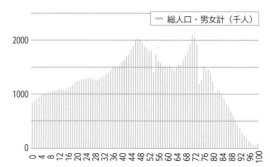

総務省統計局 「人口推計」 2020年10月1日現在 第1表 年齢（各歳），男女別人口

図7. 日本の年齢別総人口

図8の事例は，仮想的に作成した試験の得点結果を図示したものである。またこのデータの平均値は50である。こちらのグラフは，実は平均値を中心とした（正規分布の定義①），左右対称の形状（正規分布の定義②）になっている。しかし，20点付近と80点付近に2つの山があり，単峰型といえない（正規分布の定義③）。そのため，平均値が中心で，かつ左右対称ではあるものの，正

1）日本在住人口。外国籍の住民も含む。

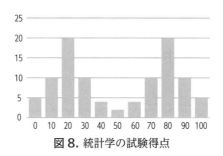

図 8. 統計学の試験得点

規分布とはいえない。よく試験勉強をした学生たちは図中右側の 80 点を中心とする山のほうに含まれるかもしれないし，授業中に居眠りをしていた学生たちは図中左側の 20 点を中心とする山に含まれるかもしれない。試験得点を例とするなら，1 問あたりの配点が高く，問題数が少ない場合（1 問 10 点 × 10 問）などには，受験者の個人間での得点のばらつきが大きくなりやすく，こういった単峰型ではない得点分布になることもある。また，このように正規分布に従わない場合は，平均点は 50 点ではあるものの，平均値はあまり意味を持たない。

　これらの事例からも，データの特性を考える上では，まずデータ全体の形状，分布を考える必要がある。

節末問題

(1)　正規分布の特徴として，以下の 5 点が挙げられる。（　）内に適切な語句を記入せよ。

①　正規分布の中心は（　　　　　）である

②　正規分布の形状は，左右（　　　　　）である

③　正規分布は（　　　　　）（ひと山型）の形状をとる

④　正規分布の横軸は，正規分布のグラフの（　　　　　）である

⑤　正規分布のグラフの幅は，（　　　　　　　　　）によって形状が変わる

(2)　身近な例から，正規分布に近似すると考えられる事例を挙げよ。

4節 データの中心を示す値
— 平均値と中央値 —

本節の目的は大きく分けて2つある。1つは、データの代表性を表す統計量として最も基本的な、平均値（算術平均）、中央値、最頻値の計算方法およびそれぞれの特徴を理解すること。もう1つは、平均値には様々な計算方法があるため、それぞれの計算イメージと特徴を理解することである。

1 データの中心

前節ではデータの分布について説明した。データの分布をみることによって多くの情報を得ることができるものの、データに慣れ親しんでいないと容易ではない。そこで、相手にデータの特徴を伝えたい場合、一般的にはデータの分布を見せるだけではなく、分布の特徴を表す代表的な値も一緒に示すことが多い。その代表的な値の1つが本節で扱う「データの中心を示す値」である。例として図1のような2つの分布(a)、(b)について、それぞれデータの中心を考える。

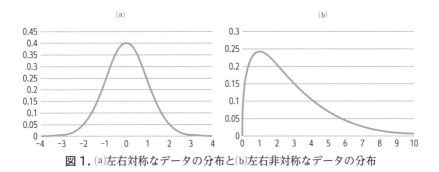

図1. (a)左右対称なデータの分布と(b)左右非対称なデータの分布

図1(a)のような左右対称な分布の場合、データの中心はどこかと10人に聞けば、全員が山の頂点のところだと答えるであろう。一方で、(b)のような左右非対称な分布の場合はどうであろうか？　この問いに答えるためには、そもそもデータの中心を示す値にはいくつかの種類があることを理解しなければならない。そのため本節ではまず、データの中心を示す値としてよく使われる平均

値と中央値，最頻値について説明する。

2 平均値（算術平均）

まずは平均値である。実はひと言で平均値といっても，荷重算術平均や幾何平均，トリム平均，移動平均など複数の平均値が存在する。しかしながら，単に平均値という場合，一般的には算術平均を指す。そのためまずは算術平均について説明する。

いま，表1のような統計学のテストの点数について考える。

表 1. 9 人の得点データ

名前	A	B	C	D	E	F	G	H	I
点数	92	40	71	71	83	53	53	37	53

表1のデータに対して平均値を計算する場合，次のように計算される。

$$平均値 = (92 + 40 + 71 + 71 + 83 + 53 + 53 + 37 + 53) \div 9$$

計算式をみるとわかるように，難しいことはまったくなく，①単純にすべてのデータを足して，②データの数で割っているだけである。この計算方法は，データの数が2個のような少ない場合でも，1,000個や10,000個やそれ以上に多い場合でも変わらない。単純にすべてのデータを足して，データの数で割ればよい。

前述の計算方法さえ理解できていれば十分であるが，平均値の一般的な定義についても述べておく。総計 N 個ある i 番目のデータを x_i，平均値を $\bar{x}$ とすると平均値は次のように表される。

$$\bar{x} = \frac{1}{N}(x_1 + x_2 + x_3 + \cdots + x_N) = \frac{1}{N}\sum_{i=1}^{N} x_i$$

総和は英語で summation であり，その頭文字 S に対応するギリシャ文字 Σ（シグマ）で足し算を表している。つまり，Σ 記号は「x_i について i を1番目から N 番目まで足しなさい」ということを意味している。急に知らない記号が出てくると難しく感じるが，単に足し算の式を長く書くのが大変なので，省略しているだけである。

3　中央値 ●●

　次に，中央値について説明する。まず中央値を説明するために，表1のデータを表2のように小さい順に並べ替える。

表2. 9人の得点データ（小さい順に並べ替え）

名前	H	B	I	F	G	D	C	E	A
点数	37	40	53	53	53	71	71	83	92

　中央値はその名の通り，データの中央に位置する値であり，今回のデータであれば小さい順に並べたときの中央，つまり5番目の値53が中央値となる。では，表3のようなデータの場合，中央値はどのような値になるであろうか。

表3. 8人の得点データ

名前	a	b	c	d	e	f	g	h
点数	26	38	38	48	57	65	66	76

　この場合，データの個数が8個と偶数のため，中央（dとeの間）に値が存在しない。そこで，dとeのデータの平均値（48＋57）÷2を中央値とするのである。平均値と同様に，データの数が増えても考え方は変わらない。データを小さい順に並び替えるのは大変かもしれないが，データが少ない場合には平均値よりも計算が簡単ではないだろうか。

　平均値のときと同様に，中央値の一般的な定義について述べておく。総計 N 個ある小さい順に並べた i 番目のデータを x_i とすると，中央値 $\tilde{x}$ は次のように表せる。

$$\tilde{x} = \begin{cases} x_{\frac{N+1}{2}} & N \text{が奇数} \\ (x_{\frac{N}{2}} + x_{\frac{N}{2}+1}) \div 2 & N \text{が偶数} \end{cases}$$

4　最頻値 ●●

　続いて最頻値である。これも言葉の通り，最も高頻度で出現する値のことである。例えば表1のデータの場合，得点ごとの人数は表4のようになる。

表4. 統計学テストの得点ごとの人数

得点	37	40	53	71	83	92
人数	1	1	3	2	1	1

表4をみるとわかるように，53点をとったのが3人と最も多い。そのため，このデータについては，53が最頻値となる。

平均値や中央値は量的データに対してしか計算することができないが，最頻値は質的データに対しても計算できるという利点がある。

5 平均値と中央値の使い分け

データの中心を示す値の代表的なものについて説明を終えたところで，冒頭の質問について考えてみる。図1(a)，(b)についてそれぞれ，平均値，中央値，最頻値の場所を示すと，おおよそ次のようになる。

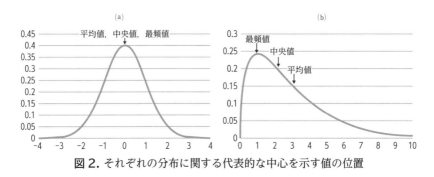

図2. それぞれの分布に関する代表的な中心を示す値の位置

図2をみるとわかるように，(a)のような左右対称の分布では，平均値，中央値，最頻値が一致する。一方で，左右非対称な分布では，平均値，中央値，最頻値がすべて異なる。したがって，データの分布をみた上で，左右非対称な場合は平均値だけでなく，中央値も併せて併記するのがよいだろう。

また，平均値は外れ値の影響を受けやすい点についても触れておく。表5のようなデータを考える。

表5. 10人の年収データ（万円）

名前	a	b	c	d	e	f	g	h	i	j
年収	100	200	150	300	250	50	100	250	100	5000

表 5 のような年収データの場合，年収の平均値を計算すると

$$平均年収 = (100 + 200 + 150 + 300 + 250 + 50 + 100 + 250 + 100 + 5000) \div 10$$
$$= 650$$

となり，平均年収は 650 万円と求まる。しかしながら，表 5 のデータをみると
わかるようにほとんどの人は年収 300 万円以下で，一人だけいる 5,000 万円の
せいで平均年収が高く出てしまっている。このようにデータ数が多くない場合，
大きく外れた値が 1 つあると，それに引きずられて平均値は大きな値となって
しまう。そのため，平均値を計算する際には外れ値の存在に注意が必要である。
一方，中央値は 225 万円となり外れ値の影響を受けにくいこともわかる。これ
だけ考えると平均値ではなく，中央値だけ用いればよいのではと考えてしまう
かもしれない。しかしながら，中央値はデータの中心の情報しか使用していな
いものの，平均値ではすべてのデータを用いて計算しているため，平均値のほ
うが多くの情報量を持っていると考えられる。また数学的に扱いやすいため，
次節以降でもしばしば平均値を用いて計算する統計量が多く出てくる。そう
いった意味でも，平均値は非常に重要な意味を持った値なのである。

6 その他の様々な平均値 ・・・・・・・・・・・・・・・・・・・・

これまで述べた通り，平均値には算術平均以外にもいくつかのバリエーショ
ンが存在する。そこで，代表的なものをいくつか紹介する。この後に説明する
算術平均以外の平均値については，この教科書を読み進めるにあたって必須の
知識ではない。各項の冒頭にどのようなときに使うのかをまとめておくので，
その部分だけ目を通して，必要になったら改めて読み直してもらえれば十分で
ある。

① 加重算術平均

加重算術平均（単に加重平均と呼ぶこともある）は，

● データそれぞれの重要度が異なる場合
● 平均値の集まりから全体の平均値を計算したい場合

などに用いられる計算方法である。表 6 のようなデータを例として考えてみる。

表 6. ある学年におけるクラスごとの人数とテストの平均点

クラス	人数	平均点
A	10	60
B	15	65
C	15	55
D	50	85
E	10	65

　この表から，この学年全体のテストの平均値を計算しようとした場合，どのように計算できるだろうか？　すでにクラスごとの平均点が計算されているので，さらにその平均点を計算して

$$全体の平均点 = (60 + 65 + 55 + 85 + 65) \div 5 = 66$$

と計算したくなるかもしれないが，この計算は誤りである。この計算では，クラスごとの人数が考慮されていない。平均値が 85 点と高いのはクラス D だけであるものの，クラス D には 50 人もの生徒がいる。このような場合に，全体の平均を正しく計算する方法が**加重算術平均**（weighted mean）である。今回のデータの場合，次のように計算される。

$$加重算術平均 = \frac{(10 \times 60 + 15 \times 65 + 15 \times 55 + 50 \times 85 + 10 \times 65)}{(10 + 15 + 15 + 50 + 10)} = 73$$

　このように，クラスの人数を点数の重みとして掛けて足した後，重み（クラス人数）の合計で割ることによって計算するのが加重算術平均である。

　これについても，一般的な定義について述べておく。総計 N 個ある i 番目のデータを x_i，その重みを w_i とすると，加重算術平均 $\bar{x}_w$ は次のように表せる。

$$\bar{x}_w = \frac{\displaystyle\sum_{i=1}^{N} w_i x_i}{\displaystyle\sum_{i=1}^{N} w_i}$$

② トリム平均

　トリム平均あるいは刈込み平均や調整平均とも呼ばれるこの平均は，外れ値が含まれるデータに対して平均値を計算したい場合に用いられる方法である。

前述したように，平均値は外れ値の影響を受けやすい。そこで，外れ値を除去した上で平均値を計算しようということである。具体例として，表3の年収データを小さい順に並び替えたものを考える（表7）。

表7. 10人の年収データ（万円）（小さい順に並び替え）

名前	f	a	g	i	c	b	e	h	d	j
年収	50	100	100	100	150	200	250	250	300	5000

　トリム平均を計算する際には，○％トリム平均というものを計算する。例えば，10％トリム平均を計算する場合，並び替えたデータの小さいほうから順に10％と大きいほうから順に10％を除外して，残り80％のデータで平均値を計算する。表7の場合，データの総数が10個なので，一番小さい50（万円）と，一番大きい5000（万円）を除外すると上位10％と下位10％を除外したことになる。そして残り8個のデータで平均値を計算する。

$$10\%トリム平均 = (100 + 100 + 100 + 150 + 200 + 250 + 250 + 300) \div 8$$
$$= 181.25$$

となる。同様に，20％トリム平均を計算したい場合は，50と100を1個，300と5,000を除外した残り6個のデータで平均値を計算する。

$$20\%トリム平均 = (100 + 100 + 150 + 200 + 250 + 250) \div 6 = 175$$

となる。0％トリム平均の場合は，データの除外を行わずに平均値を計算するということなので，算術平均値と変わらない。

③ 幾何平均

　幾何平均は「相乗平均」とも呼ばれ，

- 掛け算したものの平均を計算したい場合
- 変化率の平均を計算したい場合

といった場合によく使われる計算方法である。表8のようなデータを例に，具体的な計算方法をみていく。

　表8にあるような，ある企業の2018年〜2022年の売り上げデータに対して，売り上げが毎年平均で何パーセント伸びているのかを計算したい場合を考える。毎年何パーセント伸びるか？なので，まずは2019年以降の各年ごとに前年からどの程度売り上げが伸びたかの前年比を計算する。例えば2019年の売

表8. ある企業の売り上げ（億円）データ

年	2018	2019	2020	2021	2022
売り上げ	100	200	300	600	900
前年比	—	2.00	1.50	2.00	1.50

り上げ前年比は，

$$2019 \text{ 年の売り上げ前年比} = \frac{200}{100} = 2.00$$

2022 年の売り上げ前年比は，

$$2022 \text{ 年の売り上げ前年比} = \frac{900}{600} = 1.50$$

のように計算できる。それでは，2018 年から毎年平均してどの程度売り上げが伸びているのだろうか。単純に前年比の平均値を計算してみると，

売り上げ前年比の（算術）平均値 = $(2.00 + 1.50 + 2.00 + 1.50) \div 4 = 1.75$

つまり，毎年平均して75%売り上げが伸びているという結果になる。しかし，2018 年の売り上げにこの比率を掛けて計算すると，2022 年の売り上げは，

2022 年の売り上げ = $100 \times 1.75 \times 1.75 \times 1.75 \times 1.75 = 938$

と 40 億円ほどズレてしまう。このように，変化率の平均値を計算する際には，算術平均を計算して，変化率として掛けていくとズレてしまうのである。では，どのようにして売り上げ変化の比率を計算すればよいのかというと，幾何平均や相乗平均と呼ばれる計算方法である。今回の場合，幾何平均を $\overline{x}_g$ とすると，次のように計算される。

$$\overline{x}_g = \sqrt[4]{2.00 \times 1.50 \times 2.00 \times 1.50} \approx 1.7321$$

$\sqrt[4]{}$ という記号はあまり馴染みがないかもしれない。$\sqrt{}$ のことを平方根と呼ぶが，$\sqrt[n]{}$ のことを n 乗根と呼ぶ。$\sqrt[4]{}$ の場合は 4 乗根である。$\sqrt{}$ は 2 乗することによってルートを外すことができるが，$\sqrt[4]{}$ の場合は 4 乗することによってルートを外すことができる。通常の電卓では計算できないので，関数電卓や Excel などを使って計算する。

ここで改めて $\overline{x}_g$ として求めた変化率 1.73 を使って 2022 年の売り上げを計算してみると，

2022 年の売り上げ = $100 \times 1.73 \times 1.73 \times 1.73 \times 1.73 \approx 900$

と今度はほぼ等しい売り上げが求められた。このように，変化率や割合の平均

値を求めるためには，算術平均ではなく幾何平均を用いる必要がある。

一般的な定義式としては，総計 N 個ある i 番目のデータ（変化率など）を x_i とすると，幾何平均 $\overline{x}_g$ は次のように表せる。

$$\overline{x}_g = \sqrt[n]{x_1 \times x_2 \times x_3 \times \cdots \times x_n}$$

④ 移動平均

移動平均は，時系列データ中の細かな変動，不規則な変動を取り除き，おおまかな変動の傾向を捉えたい場合などに使用される。時系列データの代表的なものとして，株価などが挙げられる。例えば，表9のような株価データを考えてみる。

表9. ある企業の株価データ

時点	1	2	3	4	5	6	7	8	9	10
株価	146	146	146	143	139	140	141	141	145	146

移動平均では，連続するいくつかのデータについて平均値を計算して，時系列を作成し直す。「いくつかのデータ」の取り方として，奇数項のほうが計算は簡単なため，例えば表9のデータについて3項移動平均を考えてみる。この場合，

$$\text{時点2における3項移動平均} = \frac{\text{時点1の株価} + \text{時点2の株価} + \text{時点3の株価}}{3}$$
$$= 146$$

$$\text{時点3における3項移動平均} = \frac{\text{時点2の株価} + \text{時点3の株価} + \text{時点4の株価}}{3}$$
$$= 145$$

$$\vdots$$

$$\text{時点9における3項移動平均} = \frac{\text{時点8の株価} + \text{時点9の株価} + \text{時点10の株価}}{3}$$
$$= 144$$

のように計算できる。奇数項の場合には単純で，移動平均を求めたい時点を基準に，3項移動平均であれば前後1項を含めた平均を，5項移動平均であれば前後2項を含めた平均を計算すればよい。

一方，偶数項移動平均の場合は工夫が少し必要で，次のように計算する。

時点 3 における 4 項移動平均株価

= (0.5×時点 1 の株価＋時点 2 の株価＋時点 3 の株価＋時点 4 の株価＋0.5×
　　時点 5 の株価) ÷ 4

= 144.375

時点 4 における 4 項移動平均株価

= (0.5×時点 2 の株価＋時点 3 の株価＋時点 4 の株価＋時点 5 の株価＋0.5×
　　時点 6 の株価) ÷ 4

= 142.75

$$\vdots$$

時点 8 における 4 項移動平均株価

= (0.5×時点 6 の株価＋時点 7 の株価＋時点 8 の株価＋時点 9 の株価＋0.5×
　　時点 10 の株価) ÷ 4

= 142.5

このように，端の項に 0.5 ずつ掛けて移動平均の計算を行う。

　なぜ端の項に 0.5 ずつ掛けて移動平均の計算を行っているのかというと，例えば時点 3 における 4 項移動平均を考えた場合，時点 3 を基準に前後 1 項ずつ，または前後 2 項ずつを含めた平均はすべて奇数項の移動平均になってしまう。そのため，区間の端の 2 項に 0.5 ずつ掛けることで，合わせて 1 項分とみなしているのである。

　表 9 のように，データ数が少ないとわかりにくいため，もう少し長い株価を例に実際の株価データ，3 項移動平均，4 項移動平均をグラフで表す（図 3）。

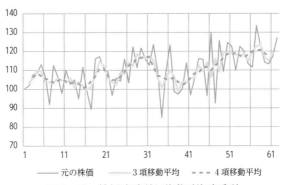

図 3. 元の株価時系列と移動平均時系列

図をみるとわかるように，元の株価時系列に比べて，移動平均をとった後の
ほうが滑らかになっており，もともとの時系列よりも長期の大まかな変動をと
らえやすくなっているのがわかるだろう。

　最後に，移動平均の一般的な定義について述べ，この節を終わりにする。総
計 N 個ある i 番目のデータを x_i とすると，t 番目の n 項移動平均 $\overline{x}_{m(t,\ n)}$ は奇
数の場合，

$$\overline{x}_{m(t,\ n)}=\frac{1}{n}\sum_{i=t-(n-1)/2}^{t+(n-1)/2}x_i$$

偶数の場合，

$$\overline{x}_{m(t,\ n)}=\frac{1}{n}\left(0.5\times x_{t-n/2}+\sum_{i=t-(n-2)/2}^{t+(n-2)/2}x_i+0.5\times x_{t+n/2}\right)$$

のようにして求めることができる。

(1) 次のデータについて，それぞれ平均値と中央値を計算せよ。

ⅰ.

i	1	2	3	4	5	6	7	8	9	10
x_i	9	12	10	12	16	11	7	17	15	11

ⅱ.

i	1	2	3	4	5	6	7	8	9	10
x_i	44	75	77	88	67	33	85	46	62	73

(2) 次の統計学のテスト結果について，平均点を計算せよ。

i	1	2	3	4	5
人数	5	6	4	8	7
得点	60	72	81	88	96

コラム　average と mean

　多くの人は，平均値の意味として average を使用しているであろう。実際，よく使われている表計算ソフトの Excel では，平均値を計算する際に「AVERAGE」関数を用いる。一方で，R や Python，Stata といったプログラミング言語や統計分析のソフトウェアでは，平均値として「mean」を用いる。

　実は，統計学の世界では average と mean は明確に使い分けられており，いわゆる平均値には通常 mean を用いる。では，average はなんなのかというと，平均値よりももう少し広く，中央値なども含む代表値的なものを表している。

5 データの散らばりを示す値
― 中心だけではないデータの特性 ―

節

　前節ではデータの特徴として中心を示す値について説明した。他にデータの特徴を示すものは考えられるだろうか。記述統計学においては，中心の値とともに重要なデータの特徴としては散らばりがある。データの散らばりを示す値である分散や四分位範囲を理解することで，データについての様々な解釈ができる。また，偏差値など記述統計学の応用場面でも使われており，統計分析の幅を広げることができる。

1 データの散らばり ・・・・・・・・・・・・・・・・・・・・・・・・・・・

　図1のクラスAとクラスBについて，正規分布に近似したテスト得点の分布を比べてみよう。

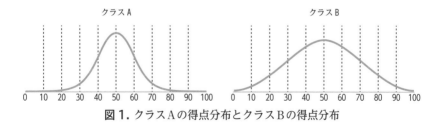

図1. クラスAの得点分布とクラスBの得点分布

　図1の2つの分布を比べると，データの中心を示す値である平均値と中央値（50点）は同一だが，データの散らばり具合が異なる。クラスAの分布は幅が小さく，クラスBの分布は幅が大きい。解釈を行うと，クラスBは，クラスAよりテストの点数の散らばりが大きく，できる人はできるけど，できない人はできないという実力差があることになる。

　このように，データを解釈する際には，中心を示す値だけでなくデータの散らばり具合を理解することが大切になる。記述統計の目的の1つは，1つの数値に分布の情報を要約することである。それではデータの散らばりの度合いをどのように数値に表していけばよいだろうか。統計学において，散らばりを示す値は，中心を示す値と同様に複数あり，ここではその中で重要な値として，

分散・標準偏差と四分位範囲がある。この節では、これらについて説明をしていく。

2 偏差 •••

最初に散らばり具合として、最も統計学で利用頻度が高い分散・標準偏差を説明する。それらを理解するためには偏差の説明がまずは必要になる。そこで図2を利用する。図2はPさん（40点）、Qさん（44点）とRさん（66点）の3人分のテストの得点を数直線上に●でプロットしたものである。

図2. 3人のデータの散らばりと範囲（レンジ）

まずデータの散らばりを示す値として、**範囲**（レンジ）がある。範囲は最大値から最小値を引いたもので、図2においては $66-40=26$ 点である。しかし、それではQさんのデータを一切使っておらず、Qさんの得点が40点から66点の間のいかなる得点であっても範囲は変わらないことになる。そこで次のように考える。中心からの差を使うのである。ここでは、データの中心として平均値（50点）を利用する（図3）。

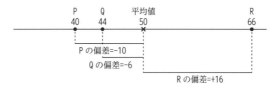

図3. 偏差の考え方

Pさんと平均値の差は -10 であり、このように平均値との差を**偏差**（へんさ：deviation）という。Qさんの偏差は -6 で、Rさんの偏差は $+16$ である。つまりRさんのように平均値から離れるほど、偏差の絶対値が大きくなる。反対にQさんのように平均値から近いほど、比較的には偏差の絶対値が小さくなる。次にこの偏差を使って散らばりの度合いを表現する値を作る。

もし平均値の近くにデータが集まっていたら偏差はどうなるだろうか。その場合は平均的に偏差が小さくなるといえる。すなわちデータの散らばりの度合

いが，平均値から遠くにデータがある場合に比べて小さいことになる。図1の
クラスAの得点分布（左）は，クラスBの得点分布（右）より平均的に偏差の
距離が小さいといえる。ここで注意する部分として，偏差はプラスの値，マイ
ナスの値のどちらもとるということである。そして全員の偏差の和は必ず0，
すなわち偏差の平均は必ず0になるということである。このことについては
Web上の補論1に掲載している。ちなみに先ほどのケースでは $-10-6+16=0$
である。そこで少しテクニカルな手法を考える必要がある。偏差の値そのまま
を利用するのではなく，偏差の2乗を表す**偏差平方**を利用する。

　このことをまずは直感的に理解するために，先ほどの3人のデータをケース
1，そして新たにSさん（44点），Tさん（47点）とUさん（59点）のケース
2（平均値はケース1と同様に50点）を考える。それぞれのケースについて，
偏差平方の概念を図4に示す。

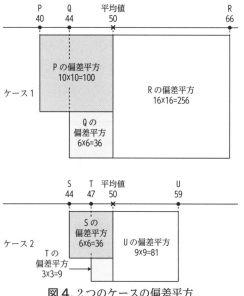

図4. 2つのケースの偏差平方

　図4において数直線上のデータだけを比べると，下のケース2のほうが上の
ケース1に比べて平均値に寄っており，直感的にはデータの散らばりが小さい
といえる。それでは偏差平方に着目していこう。図4の正方形の面積が偏差平
方に該当する。散らばりが大きいと思われるケース1のほうが，平均的には正

方形の面積が大きいことが理解できるだろう。

③ 分散 •••

偏差の値をそのまま使って平均値を計算しても 0 になってしまうので，0 以上の値をとる偏差平方を使って平均値を計算すると散らばりの度合いを示す指標が作れる。この偏差平方の平均値を**分散**（variance）と呼ぶ。ケース 1 の分散は次のようになる。

$$ケース 1 の分散 = \frac{1}{3}(100 + 36 + 256) = 130.7$$

一方，ケース 2 の分散は次のようになる。

$$ケース 2 の分散 = \frac{1}{3}(36 + 9 + 81) = 42$$

すなわち，ケース 1 のほうが分散は大きく，先ほどの散らばりがケース 1 のほうが大きいという直感的な理解と一致することになる。これまでの計算の過程を表 1 に示す。

表 1. 2つのケースの分散の計算過程

	ケース1				ケース2		
氏名	得点	偏差	偏差平方	氏名	得点	偏差	偏差平方
P	40	−10	100	S	44	−6	36
Q	44	−6	36	T	47	−3	9
R	66	16	256	U	59	9	81
平均値	50	0	130.7	平均値	50	0	42

分散を求める手順としては，最初に平均値を求める。そして各々のデータの偏差と，その二乗の偏差平方を計算する。最後に偏差平方の平均値を計算すると分散を計算できる。

次に分散の一般的な定義をする。総計 N 個ある i 番目のデータを x_i，平均値を $\bar{x}$ とすると，偏差を数式で表すと $x_i - \bar{x}$，そして偏差平方は $(x_i - \bar{x})^2$ と表現できる。偏差平方の平均値を表す分散は次の式で表される。

$$s^2 = \frac{1}{N} \sum_{i=1}^{N} (x_i - \bar{x})^2$$

分散とは，平均値から離れると大きくなる偏差平方の平均値を示す。繰り返すと分散は散らばりの大きさを示す値で，値が大きいと（他のデータと相対的に）散らばりが大きいという指標である。

　最後に分散の留意点について述べておこう。

- 　分散は0以上の値をとり，決してマイナスにはならない。その理由は，偏差平方は2乗されており決してマイナスをとらないからである（偏差が−3だったら，偏差平方は9）。よって偏差平方の平均値である分散もマイナスにならない。

- 　分散が0のときは，すべてのデータの値が同じである（例えば，3，3，3のようなケース）。理由は，平均値もその値に一致して，偏差平方がすべて0になるからである。またデータが1つしかない場合も同様に0になる。

- 　分散には絶対的に大きい，小さいという基準はなく，「○○以上なら散らばりが大きい」とはいうことはできない。あくまでも，経時的，横断的な比較を通じてしか散らばりの大小について述べることができない。例えば，メートルからセンチメートルに単位を変えるだけでも，同等の意味であるのに分散は$100 \times 100 = 10{,}000$倍になる性質がある。

- 　分散の単位は，二乗されているので元の単位の二乗である。例えば，単位が円ならば，分散の単位は「円×円」になる。ただし，解釈が難しい場合が多いので，単位の表記は省略されることが多い。

4 標準偏差 ·······························

　分散は，留意点の最後に述べたように，単位が二乗され解釈が難しい。そこで分散を元の単位にすることを考える。その方法として，正の平方根を利用する。

$$s = \sqrt{s^2} = \sqrt{\frac{1}{N}\sum_{i=1}^{N}(x_i - \overline{x})^2}$$

　この値を**標準偏差**（standard deviation, SD）という。正の平方根とは，4だったら2，9だったら3のように，二乗すると，元の数に一致する正の数である。

分散を計算したら 10.6 など中途半端な数であった場合は，手計算をするのが難しいので，平方根を計算する際には，電卓やパソコンのソフトウェアを使うのが一般的である。正の平方根を計算することで，二乗されていた単位を元に戻すことができるので，実務的に，特に記述統計学においては，データの散らばり度合いを示すときには，分散より標準偏差のほうが好まれることが多い。

反対にいえば，分散 s^2 は標準偏差 s の二乗を計算したものといえる。標準偏差を表す s は，英語の standard deviation の頭文字に基づくものであり，分散の表記の s^2 はそれに由来するものである。しかし，いきなり標準偏差を計算することはできず，分散を計算してからでないと，標準偏差を計算することはできないことに留意をしておこう。

5 平均値前後の標準偏差とデータの分布 ··········

一度，標準偏差を計算すると便利な性質がある。データが平均値を中心に山形をしており，正規分布で近似できる場合，平均値の前後の 1 標準偏差分，すなわち $\bar{x}-s$ から $\bar{x}+s$ の間にデータの約 68% が入る。また平均値の前後の 2 標準偏差分，すなわち $\bar{x}-2s$ から $\bar{x}+2s$ の間にデータの約 95% が入る性質がある（図 5）。

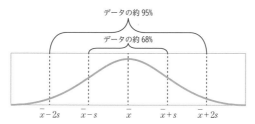

図 5. 平均値前後の標準偏差

数値例でみてみよう。表 2 の 20 個のテスト得点のデータを利用する。

表 2 のデータの平均値は 60.5，標準偏差は 16.8 である。平均値の前後の 1

表 2. 20 人の得点データ

46	54	**78**	59	**39**	64	50	<u>**24**</u>	**86**	44
76	68	70	62	62	**98**	70	56	**42**	62

標準偏差分は 43.7 から 77.3 までのデータに該当する（表2では太字ではない数字が該当する）。その割合は 20 人中で 14 人であり 70% になる。平均値の前後の2標準偏差分は 26.9 から 94.1 までのデータに該当する（表2ではアンダーバーがない数字が該当する）。その割合は 20 人中で 18 人であり 90% になる。まったくピッタリではないが，分布が正規分布に近い山形の場合は，おおよその目安になるといえる。例えば，平均値 +2 標準偏差の 94 点以上をとることは全体のデータの中では珍しいことになる。

⑥ 基準化と偏差値 ・・・・・・・・・・・・・・・・・・・・・・・・・・・・・・・

　2つの異なるデータセットにおいて，個体同士の値を比べることは基本的にできない。しかし次のようなシチュエーションはよくあるだろう。Aさんの国語のテストの点数は 57 点で，数学のテストの点数は 50 点だった。この結果から，Aさんは国語のほうが数学より得意だといえるだろうか。この比較には注意点が必要になる。なぜならば，国語の平均値が 60 点，数学の平均値が 40 点だったとすると，むしろAさんは数学のほうが得意といえる。図6は国語（実線）と数学（点線）の得点分布を示したものである。国語の 57 点は平均値以下で，数学の 50 点は平均値以上になる。

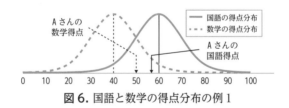

図6. 国語と数学の得点分布の例1

　つまりは，2つの得点が高いか，低いかは，絶対的な得点ではなく，ある基準，ここでは平均値に依存しているといえる。つまり先ほど説明した偏差を利用する必要がある。ここではAさんの国語の得点の偏差は −3 点，数学の得点の偏差は +10 点であり，相対的には偏差の大きい数学が得意だといえる。

　しかしながら，もう一点，2つのデータの比較をするときには注意点がある。Bさんが国語と数学ともに 60 点をとっていたとする。その上で図7の国語と数学の得点分布を比べてみる。

　国語と数学の平均値は同一（50 点）である。しかし，散らばり具合が異なる。

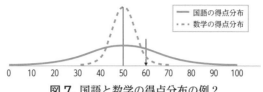

図 7. 国語と数学の得点分布の例 2

数学のほうが散らばり具合は小さい，すなわち標準偏差が小さいといえる。な
お，ここで国語の標準偏差は 15，数学の標準偏差は 5 であった。B さんの国
語と数学の偏差を計算すると，どちらも +10 点である。しかし，B さんが国
語で 60 点をとる難易度と，数学で 60 点をとる難易度は同等であろうか。それ
を考えるために 60 点以上の得点分布を比べてみる。国語は 60 点以上をとって
いる人はまだ多くいるが，数学は 60 点以上をとっている人はほとんどいない。
すなわち，B さんは数学のほうはトップクラスの得点だということになる。こ
のように散らばりによっても，その解釈が異なってくる。

ここまでの整理として，2 つのデータセットを比べる際には，(1)平均値（デー
タの中心）と(2)標準偏差（データの散らばり）に依存することになる。よって
それらの影響を取り除けば，2 つの異なるデータセットを比較することができ
る。そのために次の計算を行う。

$$z_i = \frac{x_i - \bar{x}}{s}$$

この操作を**基準化**（standardization）という [1]。基準化した得点は **z 得点**（z-
score）ともいう。この分子は元の得点から平均値を引いている。その後に偏
差を標準偏差 s で割っている。標準偏差で割る操作は，分布の散らばり具合を
統制する意味がある。偏差を標準偏差で割っているため，基準化したデータに
は単位がない。元の単位がドルだったとしよう。すると偏差の単位はドル，標
準偏差の単位も先ほど説明したようにドルなので，結局割り算をするとその単
位がなくなってしまうことになる。しかし，そのことによって単位に関係なく
2 つのデータを比べることができるのである。

偏差の平均値は 0 になると述べたが，この性質は基準化でも同様で z 得点の

---

[1] 標準化や規準化と呼ぶ場合もある。ただし統計学で標準化（normalization）というと，データ
の範囲を 0 から 1 に収める変換（（データ－最小値）／範囲）のことを示す場合もあるので注意。

平均値は0になる。そして標準偏差は必ず1になる性質がある（Web上の補論参照）。つまりは2つのデータについて基準化すると，どちらも平均値は0，標準偏差は1になり，データの中心と散らばりの影響を取り除いたことになる。z得点が0だとすると，元のデータでは平均値と一致する。それではz得点が1や2であった場合，どのような大きさの意味になるだろうか。それはデータの分布の形に依存するが，正規分布のような山形タイプの分布のデータの場合には，図8のような対応関係になる。

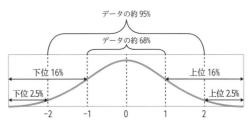

図8. 基準化した得点（z得点）の相対的関係

z得点が2だと上位2.5%の点に該当する。z得点が1だと上位16%の点に該当する。これらの数字はあくまでも正規分布に近いことが前提であり，目安と考えてほしい。ただデータ内の相対的な位置を感覚的に捉えるには役に立つ。図8は，図5と相似である。つまりは$\bar{x}+2s$を2，$\bar{x}+s$を1…というように置き換えたものが基準化の意味になる。

さて，Bさんの国語のz得点は0.67，数学のz得点は2であり，相対的に数学が得意といえるが，いきなり基準化の感覚をつかむのは難しいだろう。しかしながら，多くの日本人には基準化の感覚について実は別のかたちで備わっている。数学の偏差値が70と聞いたら「数学ができる人だな」と感心するかもしれない。この感覚は先ほどの基準化における2と同等なのである。偏差値とは，実はz得点を次のように変換したものにほかならない。

$$偏差値 = 10 \times z\text{得点} + 50$$

受験に使われる偏差値は，テスト間の平均値と標準偏差の影響を除いて再変換した値である。テスト得点の素点 → 基準化してz得点を計算 → z得点に10を掛けて50を足すことで偏差値を計算することができる。反対に偏差値が

65 ならば z 得点は $(65-50)/10=1.5$ と計算できて対応関係がある。その対応関係を図9に整理する。

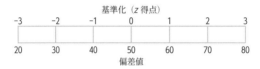

図9. 基準化（z 得点）と偏差値の対応表

　偏差値は 1960 年代に日本の受験産業で生み出されたものであるが，これはテストの得点を基準化して 10 を掛けて 50 を足すことによって，平均値を 50 にして，おおよそ 0 から 100 に収まるようにわかりやすく表示したものに過ぎない [1]。ただし，場合によって偏差値は 0 以下や 100 以上をとる場合もある。

　基準化は非常に便利で，例えば知能指数（IQ）も基準化の応用である [2]。最後に，ここではテストという典型的な例の話をしたが，基準化は他の一般的なデータにも適応できることを強調しておこう。

7　四分位範囲 •

　先ほどは分散・標準偏差，その応用として基準化と偏差値について述べた。しかし，「z 得点が 2 だと上位 2.5% の点に該当する」などと言及する際には，データの分布の形状が正規分布のように山形であることを仮定した。もちろん，分散・標準偏差は山形ではないときでも重要な統計量として使われる。しかし，散らばりの度合いの値としては，平均値と同様に右に歪んでいたりすると適さない場合がある。

　分散・標準偏差以外の散らばりを表す指標として，パーセンタイルそのままを利用する方法がある。パーセンタイルとは，データを小さい値から大きい値に並びかえ，全体の中のどこに位置するのかをパーセントで表したものである。そしてデータを 25% ずつ四つの範囲に分ける。その 25 パーセンタイルから 75 パーセンタイルまでの範囲のこと**四分位範囲**という（図10）。

---

1) 偏差値は基本的には海外では使用されず，日本でしか利用されない。
2) 知能を測定するテストの得点を z 得点化して，15 を掛けて 100 を足したものを知能指数として採用している場合が多い。つまり知能指数の平均値は 100 になる。

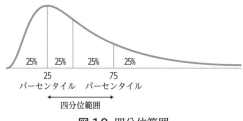

25% 25% 25% 25%

25
パーセンタイル　パーセンタイル
75

四分位範囲

図10. 四分位範囲

　これらについて，具体的にデータでみていこう．表3はある店において顧客10人の1年間に利用した購買金額（単位は万円）を示している．

表3. 購買金額データ（単位：万円）

3.2	3.3	3.5	3.8	4.1
4.3	4.4	4.5	5.0	5.1

　このデータを数直線上にプロットすると，図11のようになる．

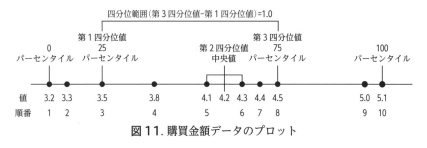

四分位範囲(第3四分位値−第1四分位値)=1.0

第1四分位値

0
パーセンタイル
25
パーセンタイル

第2四分位値
中央値

第3四分位値

75
パーセンタイル
100
パーセンタイル

| 値 | 3.2 | 3.3 | | 3.5 | | 3.8 | | 4.1 | 4.2 | 4.3 | 4.4 | 4.5 | | 5.0 | 5.1 |
| 順番 | 1 | 2 | | 3 | | 4 | | 5 | | 6 | 7 | 8 | | 9 | 10 |

図11. 購買金額データのプロット

　パーセンタイルを求める方法は，いくつか方法があり統計ソフトウェア間でも異なっている場合が多いが，ここでは次の考えかたを利用する．最初に第2四分位値である中央値（＝50パーセンタイル）を求める．ここでは，データの個数が偶数なので，5番目のデータ（4.1）と6番目のデータ（4.3）の平均値を第2四分位値とする．第1四分位値（25パーセンタイル）と第3四分位値（75パーセンタイル）は，中央値を境に2つに分けたときのそれぞれの中央値とする．ここでは前半のほうのデータは5つで，その中央値は3番目の3.5が第1四分位値，後半のほうは6番目から10番目のデータの中央値である8番目の4.5が第3四分位値である．もしデータが奇数の場合は，例えば，データが9個の場合，第1四分位値は1番目から5番目の中央値（3番目），第3

四分位値は 5 番目から 9 番目の中央値（7 番目）のように，双方とも中央値を含んで計算を行えばよい。第 3 四分位値の 4.5 から第 1 四分位値の 3.5 を引くと四分位範囲が計算でき，この場合は 1.0 となる。

この四分位範囲の意味を考えると，「中央値を含みデータの 50％が入る範囲」となる。四分位範囲は，外れ値などの極端なデータの影響を排除しつつ，一般的にデータが集まっている中央値前後の散らばり度合いを示すものである。この値が大きいと（マイナスの値はとらない），そのデータの散らばり度合いが大きいことを示している。

ここでは，散らばりを示す値として，分散・標準偏差と四分位範囲について説明をした。これらの使い分けとしては，ファーストチョイスとして分散・標準偏差を使うのが慣例と考えてよい。しかし，分布が正規分布に近い山形ではなく，分布が歪んでいた場合は四分位範囲の利用を検討するとよいだろう。

<hr>

節末問題

(1) 次の文章であっていれば○，間違っていれば×をつけよ。

1. あるデータについて偏差が 0 だった場合，そのデータは平均値と一致している

2. すべてのデータの値が同じだった場合，分散は 0 になる

3. A のデータと B のデータについて，分散 A＞分散 B だった場合に，必ず標準偏差 A＞標準偏差 B となる

4. 偏差値の平均値は 50 になる

5. 四分位範囲は値がマイナスになることもある

(2) 次のデータについて，平均値，偏差と偏差平方を計算して標準偏差と分散を求めよ。

i	x_i	偏差 $x_i - \bar{x}$	偏差平方 $(x_i - \bar{x})^2$
1	44		
2	75		
3	77		
4	88		
5	67		
6	33		
7	85		
8	46		
9	62		
10	73		

平均値		分散	
		標準偏差	

(3) (2)のデータについて，基準化した値と偏差値をそれぞれ求めよ。

i	x_i	基準化	偏差値
1	44		
2	75		
3	77		
4	88		
5	67		
6	33		
7	85		
8	46		
9	62		
10	73		

(4) 次のデータで，四分位範囲を求めよ。

1	3	5	5	9	10
14	15	16	16	18	120

6 散布図と相関係数
― 2つの変数の関係性の理解 ―

節

統計分析において，中心や散らばりに関する値に着目することは非常に有用であるが，それは1つの変数の指標であり，例えば気温と売り上げの関係などの複数の変数の「関係性」を把握したいことがある。様々な方法が考えられるが，最も頻度が高いのは量的データの2つの変数の関係性を把握することである。その具体的な方法として，この節では散布図と相関係数について学ぶ。散布図は，2つの変数をビジュアル的に把握するため，また相関係数は2つの変数の傾向を具体的な値として理解するための方法である。

1　2変量データと散布図

これまで平均値や分散など1つの変数の記述統計量に着目をしてきた。ここではそれを発展させて，2つの変数の関係性を示す方法についてみていく。例えば，テストで「数学の得点が高いと理科の得点が高い」などの関係性を確かめるための値である。

まず2つの変数データ（2変量データ）とは，表1のようなデータである。

表1では，例えば，ID0001さんは国語の点数が68点で，数学は54点であることを示している。「2つの変数」といっても，表2のように分割されて別々

表1. 2変量データの例

ID	国語	数学
0001	68	54
0002	85	67
0003	32	38
0004	89	72
0005	78	65
0006	48	52
0007	64	74
0008	86	92
0009	67	65
0010	58	60

表2. 2変量データではない例

ID	国語
0001	68
0002	85
0003	32
0004	89
0005	78

ID	数学
0006	52
0007	74
0008	92
0009	65
0010	60

にデータがあるのではなく，同じ人，日付などで紐づいていることが前提にある。データの横方向（行）が同じ人や時間を表しており，2つのペアになっている。縦方向（列）が1つ変数を表すことになる。

　しかしながら，表1から2つの変数の関係性を読み取るのは難しい。そこで視覚的に2つの関係性を読み取る方法について考える。このペアの1つめのデータ（国語）を横軸（X軸）に，2つ目のデータ（数学）を縦軸（Y軸）にプロットしてみる（図1）。

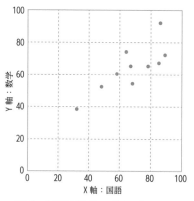

図1. 国語と数学の得点プロット

　図1をみると，右肩上がりの傾向がある。これは，国語の点数が高いならば，数学の点数が高い，反対にいえば，国語の点数が低いと，数学の点数が低いという傾向を示している。このような2つの変数を平面上に表したものを**散布図**（scatter plot）という。2つの変数の関係性の傾向を理解するのにあたって，この散布図を描くことが多い。

　図2に散布図の例を示す。

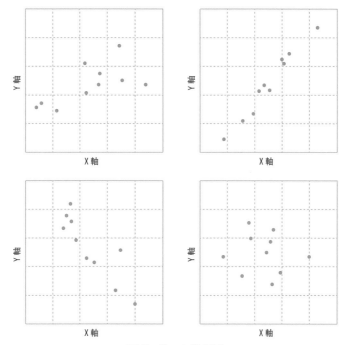

図 2. 様々な散布図

　図 2 の散布図をみれば，2 つの変数の関係性が視覚的にわかる。図 2 の左上の図は先ほどと同様で右肩上がりの傾向がある。右上の図は右肩上がりであるが，左上の図に比べると，直線の関係が強くみることができ，傾向が強く見てとれる。左下の図は右肩下がりになっている。つまり，片方の変数の値が高くなると，もう片方の変数の値が低くなる傾向にある。最後に右下の図は，片方の変数の値が上がっても，もう片方の変数の値は上がる傾向も，下がる傾向もない。

　このように 2 つの変数の関係性を調べる際に，散布図を作成し，データの傾向をみると 2 つの変数の関係性を把握しやすくなる。散布図は，2 つの変数の関係性をみる際に最も基礎になる。

　ここで散布図の注意点を述べておく。軸によって印象が変化する場合がある（図 3）。

　図 3 の左の図は，図 1 の散布図を 40 点から 80 点に範囲を制限した図である。この図の範囲外にもデータがあるが，右肩上がりの傾向がわかりにくくなって

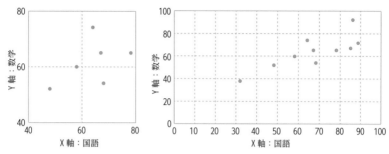

図 3. 軸の範囲を制限した散布図（左）と軸の縮尺を変化させた散布図（右）

いる。また図3の右の図は，図1のX軸の長さを2倍にした図である。右肩
上がりの関係性の印象が異なっているかもしれない。このように散布図のデザ
インによっては印象が変わってしまう可能性がある。

2 共分散と相関係数 ·····················

　先ほどの散布図は，直感に基づく方法であるので，人によっては印象が異な
る可能性がある。次に，そこで数値的に関係を示す方法を考える。その際に中
心となるのが，分散と同様に平均からの離れ具合を利用する共分散と相関係数
である。それらについて順に説明を行う。

① 偏差の積と共分散
　前節では，分散と標準偏差の説明において平均値との差を示す偏差が登場し
た。その掛け算（積）を計算する。その例を次の5人のデータで示す（表3）。

表 3. 偏差の積の計算例

ID	国語	国語偏差	数学	数学偏差	偏差の積
0001	75	15	70	20	300
0002	90	30	75	25	750
0003	35	− 25	30	− 20	500
0004	30	− 30	40	− 10	300
0005	70	10	35	− 15	− 150
合計	300	0	250	0	1700
平均値	60	0	50	0	340

表3において，国語の平均値は60点，数学の平均値は50点である。例えばID0002について国語の偏差を計算すると$90-60=30$，数学の偏差を計算すると$75-50=25$である。それらの積は$30\times25=750$である。この意味を散布図で説明する（図4）。

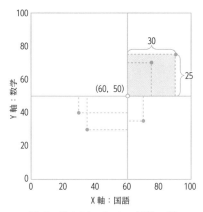

図4. 散布図における偏差の積

図4では，国語の得点軸に平均値60点，数学の得点の平均値50点のところに直線を引いている。ID0002のデータは一番右上の点になるが，偏差の積（の絶対値）は色の四角形の部分の面積に一致する。もしデータが相対的に平均値に近ければ，この面積は小さくなり，反対に平均値から離れれば面積が大きいことになる。2つのデータをx_iとy_iとして，それぞれの平均を$\bar{x}$と$\bar{y}$とすると，この偏差の積を式で表すと次のようになる。

$$(x_i - \bar{x})(y_i - \bar{y})$$

ここで注意として，偏差はマイナスの値もとるので，偏差の積もマイナスをとりうる。先ほどの例だとID0005の偏差の積は-150である。注意点としては分散の計算の際に偏差平方を計算したが，偏差平方は2乗の計算を行うためマイナスの値をとらないが，偏差の積についてはプラスもマイナスもとりうる。$(\bar{x}, \bar{y})$の点の右上と左下がプラス，左上と右下がマイナスになる範囲である。そしてこの偏差の積の平均値を計算する。

$$s_{xy} = \frac{1}{N}\sum_{i=1}^{N}(x_i - \bar{x})(y_i - \bar{y})$$

これを**共分散**（covariance）という。表3の場合，偏差の積の平均値は340であり，この値が共分散に該当する。

この意味について，中心を2つの変数の平均値 $(\bar{x},\ \bar{y})$ とした図5を使って説明をする。図5の1の部分は $\bar{x}$ より大きい，かつ $\bar{y}$ より大きい領域であり，その結果，偏差の積 $(x_i-\bar{x})(y_i-\bar{y})$ はプラスになる。3の部分は $\bar{x}$ より小さい，かつ $\bar{y}$ より小さい領域であり，偏差の積 $(x_i-\bar{x})(y_i-\bar{y})$ はマイナス×マイナスでプラスになる。1と3に該当するデータが多いと，データは右肩上がりの傾向として共分散はプラスになる。一方，2の部分はより小さい，かつ $\bar{y}$ より大きい領域であり，偏差の積 $(x_i-\bar{x})(y_i-\bar{y})$ はマイナス×プラスでマイナスになる。3の部分は $\bar{x}$ より小さい，かつ $\bar{y}$ より大きい領域であり，偏差の積 $(x_i-\bar{x})(y_i-\bar{y})$ はマイナス×プラスでマイナスになる。2と4に該当するデータが多いと，データは右肩下がりの傾向で共分散はマイナスになる。

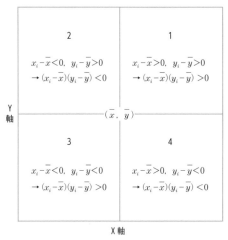

図5. 偏差の積の正負

これをデータのプロットをした散布図で確認しよう（図6）。

図6の左の図は $(\bar{x},\ \bar{y})$ の右上と左下にデータが集まっており，共分散はプラスになる。この場合，データの傾向として右肩上がりになっている。一方，右の図は $(\bar{x},\ \bar{y})$ の左上と右下にデータが集まっており，共分散はマイナスになる。この場合，データの関係性の傾向として右肩下がりになる。すなわち共分散がプラスであると右肩上がり，反対に共分散がマイナスであると右肩下

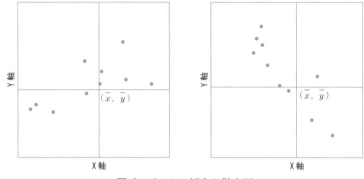

図 6. データの傾向と散布図

がりになり，共分散の数値でその関係性の傾向がわかることになる。

② 相関係数

　共分散の正負の意味でデータの傾向はわかるが，範囲に制限がなく，その大きさは単位に依存する。例えば身長と体重の共分散を計算する際に，単位をセンチメートルにするかメートルにするか，キログラムにするかグラムにするかで共分散の値は変わってくる。共分散の単位は，偏差の積なので 2 つの変数の単位の積になり，解釈の際にも理解が難しい場合がある。

　そこで単位に依存しないことを考える。単位に依存しない方法として，基準化を前に説明した。元のデータから平均値を引き，標準偏差で割ることで単位の影響をなくすことができる。x_i と y_i の標準偏差をそれぞれ s_x と s_y として，共分散を計算する。

$$r_{xy} = \frac{1}{N}\sum_{i=1}^{N}\left(\frac{x_i - \bar{x}}{s_x}\right)\left(\frac{y_i - \bar{y}}{s_y}\right)$$

　この値 r_{xy} を**相関係数**（correlation coefficient）という。基準化データを利用することで単位の影響をなくすことができる。すなわちこの相関係数には単位はない。この計算を表 3 のデータについて行ってみる。なお，$s_x = 23.452$ と $s_y = 18.708$ である（表 4）。

表 4. 相関係数の計算

ID	国語	国語偏差	基準化	数学	数学偏差	基準化	基準化データの偏差の積
0001	75	15	0.640	70	20	1.069	0.684
0002	90	30	1.279	75	25	1.336	1.709
0003	35	− 25	− 1.066	30	− 20	− 1.069	1.140
0004	30	− 30	− 1.279	40	− 10	− 0.535	0.684
0005	70	10	0.426	35	− 15	− 0.802	− 0.342

合計	300	0	0	250	0	0	3.875
平均	60	0	0	50	0	0	0.775
標準偏差	23.452			18.708			

　基準化データの偏差の積の平均値が相関係数であり，ここでは 0.775 になる。また相関係数については次のように共分散からも計算することができる。

$$r_{xy} = \frac{\dfrac{1}{N}\sum_{i=1}^{N}(x_i - \overline{x})(y_i - \overline{y})}{s_x s_y} = \frac{s_{xy}}{s_x s_y}$$

すなわち共分散を 2 つの変数の標準偏差で割ったものが相関係数になる。標準偏差はプラスの値なので，共分散がプラスなら相関係数もプラス，共分散がマイナスならば相関係数もマイナスになる。表 3 のデータにおいては，$340/(23.452 \times 18.708) = 0.775$ となり，同様の値になる。また次の計算式もよく使われる。

$$r_{xy} = \frac{\dfrac{1}{N}\sum_{i=1}^{N}(x_i - \overline{x})(y_i - \overline{y})}{\sqrt{\dfrac{1}{N}\sum_{i=1}^{N}(x_i - \overline{x})^2}\sqrt{\dfrac{1}{N}\sum_{i=1}^{N}(y_i - \overline{y})^2}}$$

$$= \frac{\sum_{i=1}^{N}(x_i - \overline{x})(y_i - \overline{y})}{\sqrt{\sum_{i=1}^{N}(x_i - \overline{x})^2}\sqrt{\sum_{i=1}^{N}(y_i - \overline{y})^2}}$$

　この計算式には，分母と分子において N で割る操作がない。相関係数を直接計算する場合はこの式がよく使われる。相関係数の計算には，(1)基準化データから計算する方法，(2)共分散と標準偏差から計算する方法，(3)偏差の積の和

と偏差平方和の正の平方根から計算する方法の3種類があるが，いずれも同じ値になる。

　2つの変数の関係性の把握については，共分散ではなく単位に依存しない相関係数がよく利用される。その利点として，相関係数には範囲があり，それに基づいた解釈ができることである。まず相関係数の値は−1から1の範囲をとる。プラスの1に近ければ右肩上がりの関係性，反対にマイナスの1に近ければ右肩下がりの関係性が強い。また，0に近いとどちらの関係性もない。相関係数の強さに絶対的な基準はないが，おおよその解釈例を図7に示す。

← 右肩下がりの関係性が強い							右肩上がりの関係性が強い →	
-1	-0.7	-0.4	-0.2	0	0.2	0.4	0.7	1
大きい負の相関	中程度の負の相関	小さい負の相関	ほとんど相関なし		小さい正の相関	中程度の正の相関	大きい正の相関	

図7. 相関係数の解釈例

　それでは次に，散布図と計算される相関係数を実際にみてみよう（図8）。
　左上の散布図は右肩上がりの傾向が見え，相関係数は0.75と大きい正の相関である。右上の散布図は右肩下がりの傾向が見え，相関係数は−0.85と大きい負の相関である。左下の散布図は関係性がわかりにくいが，相関係数を計算すると0.39と小さい相関係数がある。最後に右下の散布図の相関係数は0に近く関係性がないと解釈できる。このように2つの変数の関係性を相関係数で数値化することで解釈や比較を行いやすくなる。

③ 相関係数の注意点 ・・・・・・・・・・・・・・・・・・・・・・・

　2変数の関係性をみる際には，相関係数を計算して解釈することが基本になり，データ分析の基本になる。しかしながら，これには注意点がある。

① 複雑な関係性
　相関係数は2つの変数の関係性を示す値として説明したが，それは厳密ではない。次の例をみる（図9）。

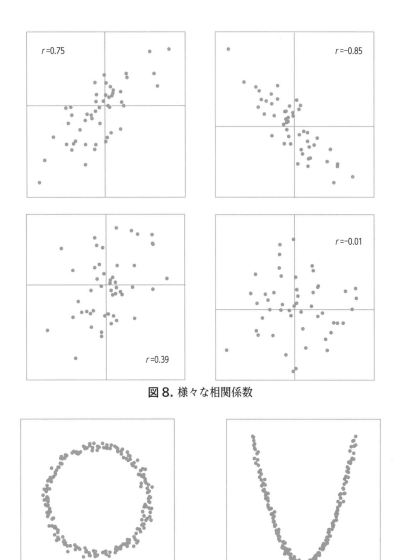

図8. 様々な相関係数

図9. 2つの変数に関係はあるが相関係数が0に近い例

　左の図はデータが円状に散らばっている。また右の図では放物線（二次関数）に沿ってデータが散らばっており，パターンがあるので2つの変数は関係性がある。しかしながら2つの散布図の相関係数はいずれも0に近い。相関係数は，

右肩上がり（相関係数が正），右肩下がり（相関係数が負）の関係性があるかどうかしかわからない。2つの変数の関係性をみる際に相関係数の値だけではなく，散布図も併せて確認するべきである。

② 相関関係と因果関係

　この節では，2つの変数の関係性を解釈する際に散布図，共分散と相関係数について説明をした。相関がある場合，一方が上がれば，もう一方が上がる／下がる関係が見えることになる。しかしこれは直ちに**因果関係**（causation）を示すことにはならない。因果関係とは，X（原因）が起きたら，Y（結果）が起きるという関係である。つまりX（原因）を大きくすれば，Y（結果）も大きく／小さくなる傾向にあれば，それは因果関係といえる。例えば，国語と数学の試験の得点は正の相関があるが，数学の点数を伸ばすために，数学の勉強はせず国語だけ勉強しても一般的には数学の点数は伸びないだろう。これは因果関係があるのではなく，単に相関関係があるだけである。因果関係と相関関係に区別をつける必要がある。

(1) 次の 2 つの変数について散布図を作成せよ。そして散布図より 2 つの変数がどのような関係性にあるかを解釈せよ。

id	x	y
a	43	71
b	33	63
c	45	57
d	43	64
e	54	60
f	54	53
g	11	99
h	67	47
i	44	44
j	62	67

(2) (1)のデータにおいて，次の表で x と y の偏差の積を計算して，共分散と相関係数の値を計算せよ。なお x の標準偏差は 14.97，y の標準偏差は 14.62である。

id	x	x の偏差	y	y の偏差	x と y の偏差の積
a	43	− 2.6	71	8.5	
b	33	− 12.6	63	0.5	
c	45	− 0.6	57	− 5.5	
d	43	− 2.6	64	1.5	
e	54	8.4	60	− 2.5	
f	54	8.4	53	− 9.5	
g	11	− 34.6	99	36.5	
h	67	21.4	47	− 15.5	
i	44	− 1.6	44	− 18.5	
j	62	16.4	67	4.5	
平均	45.6	0	62.5	0	
標準偏差	14.97		14.62		

7 節 回帰分析とその他の代表的な分析手法

この節の目的は大きく分けて 2 つ。1 つ目は，相関係数と併せて，変数間の関係性を明らかにする際によく用いられる回帰分析について，分析内容のイメージと結果の正しい解釈方法について理解すること。2 つ目は，回帰分析以外の代表的な分析方法について，その大まかな特徴を知ることである。

1 変数間の関係性

前節では，相関係数を計算することによって 2 つの変数（データ）の間に関係性があるかどうかを把握することができた。しかしながら実際の研究やビジネスシーンでは，2 つの変数間に関係性があるかだけでなく，片方の変数が増えたときにもう片方の変数がどの程度増えるのかという関係性まで知りたいことが多くある。例えば，

- 来客数が 1 人増えたら売り上げがどの程度増えるのか
- 気温が 1℃ 上がるとアイスの売り上げがどの程度増えるのか
- 部屋の面積が 1 m² 広くなったら家賃はどの程度高くなるのか
- スマホの使用時間が 1 時間増えたらどの程度学業成績が下がるのか

などである。相関分析では，2 つの変数間に関係性があるかないかはわかるものの，片方の変数がもう片方の変数にどの程度影響を与えるかまでは知ることができない。このようなときに使われる手法で最も代表的なものが，本節で最初に説明する回帰分析である。

2 回帰分析

① 回帰分析の概要

回帰分析（regression analysis）とは，結果として生じている変数（予測を行いたい変数）と原因となっている変数を分析者が設定し，その変数間の関係性を明らかにする統計的な分析手法である。このとき，結果として生じている

変数（予測を行いたい変数）のことを**目的変数**[1]，原因となっている変数のことを**説明変数**[2]と呼ぶ。図1のような例を考える。

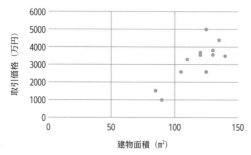

図1. 不動産の取引価格と建物面積

　図1は千葉県柏市で実際に取引の行われた不動産価格の取引データである[3]。このデータに対して相関係数を計算すると0.81となり，強い正の相関関係があるとわかる。一方で，建物面積が1 m² 増えると取引価格がどの程度増えるのかといった関係性まではわからない。そこで回帰分析では，「取引価格（目的変数）というものは建物面積（説明変数）によって価格が決まるはずだ」という仮定のもとに，

$$\text{取引価格（万円）} = a + b \times \text{建物面積(m}^2) \tag{1}$$

という直線の関係式を立て，この関係性を最もよく表すことのできる a, b を見つけることで，2つの変数の関係性を示そうというものである。特に(1)式のように説明変数が1つの関係式で表現される場合，単回帰分析と呼ばれる。それでは実際，どのように a, b を求めるのかというと，一般的には最小2乗法がよく用いられる。最小2乗法に関する詳細な説明は本書の範囲外となるため，ここでは概要の説明に留めておく[4]。

　図2は，図1のデータをよく表しそうな直線を引いた場合の，実際のデータの値（図中●印）と予測値（直線上の値）との誤差（点線）を表したものであ

1) 被説明変数とも呼ばれる。
2) 独立変数とも呼ばれる。
3) 国土交通省の取引事例データベースより抽出したものの一部を加工して作成。
4) 最小2乗法を用いた回帰分析に関しては，例えば加藤豊（2020）「例題でよく分かるはじめての多変量回帰」が詳しい。

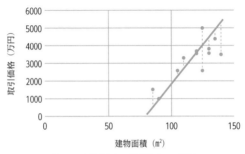

図 2. 実測値と予測値との誤差

る。最小 2 乗法では，すべての点についての誤差を足し合わせたものが，最も小さくなるように a と b，つまり，直線の傾きと切片を決める。実際には，誤差は正の値と負の値をとるため，すべての点について誤差の 2 乗を足し合わせたものが，最小となるように a と b を決める。例えば今回の場合では，図 3 のような直線が求まる[1]。

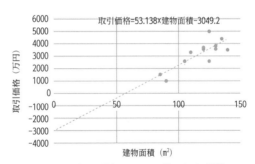

取引価格=53.138x建物面積-3049.2

図 3. 最小 2 乗法によって得られた直線

この結果から，b の値は 53.138 ということで，建物面積が $1\,\mathrm{m}^2$ 広くなると建物価格が約 53 万円高くなるということがわかる。

ここまでは説明変数が 1 つの場合である**単回帰分析**を例に説明してきたが，説明変数が 2 つ以上の場合の回帰分析も存在する。この場合，単回帰分析に対して**重回帰分析**と呼ばれる。重回帰分析の場合には，単回帰分析のように 2 次元の図で表現することは難しくなるが，分析を行う上での数学的な手続きについては単回帰分析と変わらないため，ここでは割愛する。重回帰分析を用いた

1）このように a, b を見つけるための方法として，R や Python といったプログラミング言語を用いて計算する方法や，Microsoft の表計算ソフトである Excel を用いた方法がある。

場合の分析例については3章4節を参照。

② 回帰分析によって得られた結果の解釈

　一般的に，回帰分析などを行う際には手計算ではなく，RやPythonなどの
プログラムを用いるか，Excelなどの表計算ソフトを使用する。その際に出力
される結果のうち，特に大事なものとして決定係数（または調整済み決定係数），
回帰係数，p値がある。ここでは，これらについての意味と解釈について述べ
る。例えば，図3にあるようなモデル式での回帰分析を，Excelの「データ分析」
アドインに含まれる「回帰分析」で実行すると，表1のような結果を得る[1]。

表1. Excelによって出力される回帰分析の結果

回帰統計	
重相関 R	0.808
重決定 R2	0.653
補正 R2	0.618
標準誤差	701.075
観測数	12

①（重決定 R2、補正 R2）

	係数	標準誤差	t	p 値	下限 95%	上限 95%
切片	−3049.204	1459.118	−2.090	0.063	−6300.322	201.913
面積（m²）	53.138	12.255	4.336	0.001	25.833	80.443

②（係数）　③（p値）

　表1中の①～③が前述した，特に理解してほしい項目である。それぞれ順に
説明していく。

　まず最初に①の重決定 R2 および補正 R2 である。これらは一般的には，決
定係数（R^2）および調整済み決定係数と呼ばれるものに対応している。決定係
数というのは，「今回仮定した直線の関係式によって，どの程度データのばら
つきを説明できているか」というのを意味している。0～1の間の値をとり，
1に近いほどデータのばらつきを予測できていると解釈する。一般的には，決
定係数の値によって，

● $R^2 \leq 0.4$：説明力の低いモデル

1）Excelにて出力された結果を一部加工，抜粋したものである。

- $0.4 < R^2 \leq 0.7$：一定の説明力があるモデル
- $0.7 < R^2$：説明力の高いモデル

のように解釈される。注意をしないといけないのは，決定係数が低いからといって分析が誤っている，もしくは悪い分析結果であるというわけではない。決定係数が低い場合，例えば目的変数を説明するための重要な変数が不足していることなどが原因と考えられる。そして，それがわかっただけでも分析結果には価値がある。

　また，決定係数と調整済み決定係数の違いについても簡単に触れておく。一般的に，説明変数の数を増やすと決定係数の値は高くなる。目的変数と無関係なデータであっても，説明変数に追加すると決定係数が必ず高くなる。そこで，ペナルティを加えることによって，関係のないデータを説明変数に追加しても，決定係数が上昇しないように補正したものが調整済み決定係数である。決定係数と調整済み決定係数が併記されている場合，一般的には調整済み決定係数の値に注目する。

　次に，②の係数である。これは一般的には回帰係数と呼ばれる（分析に使用したソフトウェアによって異なり，coef や estimate などと出力されることもある）。これは(1)式における a, b に該当するものであり，対応する説明変数が 1 単位増えた場合，どの程度目的変数に影響を与えるかを表している。

　また，今回のように目的変数を単純に不動産価格にするのではなく，不動産価格の対数（log）とするようなケースもある。この場合には，対応する説明変数が 1 単位増えた場合，目的変数が何％増える（あるいは減る）というように，若干解釈が変わることにも触れておく。

　最後に③の p 値である。回帰分析における回帰係数の p 値は，係数の有意性を示す指標である。具体的には，回帰係数が 0 に等しいという帰無仮説のもとで検定統計量を計算した場合に，計算された検定統計量以上に極端な値が出る確率を示している [1]。一般的には有意水準を分析者が定め，有意水準 5% であれば p 値が 0.05 以下，有意水準を 1% とするのであれば p 値が 0.01 以下の場合に，その説明変数は目的変数に対して有意だと判断することが多い。

1）p 値に関する詳細は 2 章 3 節を参照。

　実際のビジネスシーン等において，回帰分析は非常に有用であるものの，利用に際していくつかの制限がある。その1つとして，「目的変数は量的データ[1]であること」がある。例えば，

- 顧客が契約を続けるか辞めるか
- 新規クライアントの契約を取れるかどうか
- 学生が退学するかどうか

というようなケースにおいては回帰分析を用いることはできず，ロジスティック回帰分析という手法を用いる必要がある。また分析目的として，原因となる変数と結果となる変数の関係性を明らかにしたいというだけではなく，多くの変数を持つデータを集約したいというケースもある。この場合には，主成分分析という方法が用いられる。

　このように様々な分析手法があり，データの分析目的によって適した手法を選ぶ必要がある。そこでここでは，いくつかの代表的な分析手法を目的ごとに整理し，特にビジネスシーンで利用されるものについては，手法の概要を説明していく。

　表2に代表的な統計的分析手法をまとめた。本節では，表の中からロジスティック回帰分析，主成分分析，因子分析についてその概要を説明していく。

表 2. 代表的な統計的分析手法

目的変数	説明変数	代表的な手法
量的変数	量的変数	回帰分析
量的変数	質的変数	分散分析
質的変数	量的変数	ロジスティック回帰分析（判別分析）
質的変数	質的変数	数量化II類
なし	―	主成分分析，因子分析，数量化III類

① ロジスティック回帰分析

　ロジスティック回帰分析では，目的変数が2つの状態をとる場合に，その状

1）変数の種類については，1章1節を参照。

態をとる確率を予測するために用いられる。例えば，ある学生の勉強時間から試験に合格する確率を予測する。または，残業時間や給料などからある社員が1年後に退職している確率を予測するなどである。ここでは，図4のようなデータを例に考えてみる。

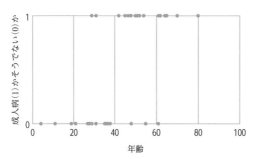

図4. 年齢と成人病の関係

図4をみると，年齢が上がれば上がるほど生活習慣病になる確率が高そうであることがわかる。このときに，

$$成人病(1)かそうでない(0)か = b × 年齢 + a \tag{3}$$

という回帰分析のときに用いた関係式を仮定して a，b を求めても，成人病と年齢の関係を表すことができない。その理由として，(3)式では図5の点線に示すように，直線の関係性を仮定してしまっているためである。そこでロジスティック回帰分析では，図5実線のような曲線の関係を仮定して分析を行う。

この曲線は，(4)式のように表現され，ロジスティック曲線と呼ばれる。

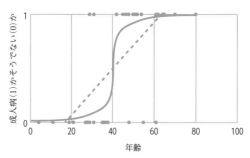

図5. 直線とロジスティック曲線

$$\text{成人病}(1)\text{かそうでない}(0)\text{かの確率} = \frac{1}{1 + e^{-(b \times \text{年齢} + a)}} \tag{4}$$

(4)式に現れた $e^{-(b \times \text{年齢} + a)}$ は指数関数と呼ばれるものであり，特に e をネイピア数と呼ぶ。

② 主成分分析

　主成分分析は，これまでの回帰分析やロジスティック回帰分析のような，説明変数によって目的変数を予測するというような手法とはまったく異なり，複数の量的な変数を，合成変数（複数の変数が合体したもの）として要約した変数を作成したり，より少ない指標に要約するための手法である。なかなかイメージを理解するのが難しいため，図6のようなデータを例として考える。

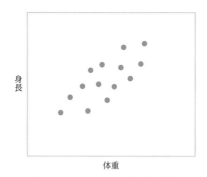

図6. あるクラスの体重と身長

　図6は，あるクラスの学生について体重と身長を測定し，散布図として表現したものである。図をみるとわかるように，身長と体重の間には正の相関がある。このとき主成分分析を行うと，分散を最大化するような第一主成分という新たな軸（合成変数）を見つけることができる。今回の場合は，図7にある第一主成分が求まる。

　また，主成分はもともとの変数と同じ数だけ求めることができる。今回の場合は，もともとの変数が身長と体重の2つあることから，主成分も2つ求めることができる。第二主成分は，第一主成分の次に分散が大きくなるように，かつ，第一主成分に直交するように求められる。今回の場合は図7の第二主成分のようなものが求まる。

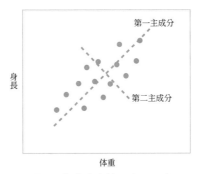

図7. 主成分分析のイメージ

　ではここで改めて，主成分分析で得られた結果の意味について考えてみる。まず第一主成分というのは，身長が大きい人は体重も重いという体の大きさを表す新たな指標と考えることができる。また第二主成分は，体重は軽いのに身長は大きい，もしくは体重は重いのに身長は小さいという体型を表す指標と考えることができる。このように，主成分分析を行うことによって，もともとは「身長」と「体重」という2つの変数を「体の大きさ」と「体型」という2つの新たな合成変数として読み替えることができた。

　今回はもともと2つの変数だったため，より少ない指標に要約するということのご利益は得られなかったが，実際に主成分分析を行うような場合，扱う変数の数はさらに多く，数百以上となることもある。その場合，主成分も数百求めることができるものの，多くの場合では最初に得られた数個の主成分のみを有意な主成分とみなすことが多い。つまり，もともとは数百あった変数をたかだか数個の主成分に要約できてしまうわけである[1]。

　実際に主成分を求めるための数学的な手続きや有意な主成分の判定基準については本書では割愛するが，例えば小西貞則「多変量解析入門」（2010）が詳しい。

③ 因子分析

　次に因子分析であるが，因子分析も主成分分析と同様に目的変数を持たない分析手法である。因子分析の目的は，多くの変数の背後に潜んでいる要因を明

1）たとえば，青山秀明他「経済物理学」（2008）にて紹介されている主成分分析の例では，658銘柄の株価変動を12個の主成分として集約している。

らかにすることだといえる。この説明だけだと、因子分析と主成分分析は同じなのではないか、と疑問に思うかもしれない。そこで、図8に因子分析と主成分分析のイメージをそれぞれ図としてまとめる。

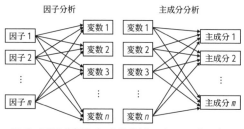

図8. 因子分析と主成分分析のイメージの違い

図をみるとわかるように、主成分分析ではデータとして得られた変数をいくつかの主成分に集約しているのに対して、因子分析では前述したようにデータとして得られた変数の背後に潜む少数の因子を見つけることにある。そのため主成分分析とは矢印の向きが逆になっていることがわかるであろう。

4 その他の分析手法 ・・・・・・・・・・・・・・・・・・・・・・・・

表1には代表的な統計分析手法についてまとめたが、近年はこれ以外にも機械学習的な分析手法もよく用いられる。そこで、代表的なものを表3にまとめる。

表3. 機械学習の分野でよく用いられる代表的な手法

目的変数	代表的な手法
あり	SVM, 決定木, ランダムフォレスト, ニューラルネットワーク
なし	クラスター分析, 共起分析

本節の最後に、表3で挙げた手法のうち、決定木、ニューラルネットワーク、クラスター分析について簡単に紹介しておく。

① 決定木

回帰分析やロジスティック回帰分析ではある関係式を仮定していたが、決定木では次のような木の分岐を複数考えることで、目的変数と説明変数の関係性

を明らかにしようという手法である。例えば，ロジスティック回帰分析で用いた成人病のデータであれば，図9のようなイメージになる。

　実際にはさらに多くの説明変数があるため，ここからさらに条件が分岐していく。また，実際どのようにして分岐の条件を見つけるのかはここでは割愛する。決定木は，機械学習分野における様々な手法の基礎になっているため，非常に重要である[1]。決定木をはじめとした機械学習的な手法については Sebastian Raschka and Vahid Mirjalili「Python 機械学習プログラミング」(2020) が詳しい。

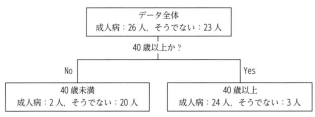

図9. 決定木のイメージ

② ニューラルネットワーク

　近年，画像認識の分野でよく使われている技術にディープラーニングというものがある。その基礎にあるのがニューラルネットワークである。ニューラルネットワークは，脳の神経細胞のネットワークを模して構成されたモデルのことで，説明変数が3つ，中間層のユニット（○）数を3つに設定した場合のニューラルネットワークは図10のように表現される。ここで中間層のユニット数は，分析者が好きに決めることができる。

　ニューラルネットワークでは，モデルによる出力と実際にデータとして得られている目的変数の誤差が小さくなるように，図中の重み $w_{11} \sim w_{33}$, $w'_1 \sim w'_3$ を求める手法である。ニューラルネットワークの場合，図をみても明らかなように非常に複雑である。そのため，ある説明変数が目的変数に対してどの程度影響を与えるのか，といった解釈が困難である点には注意が必要となる。ニューラルネットワークについても，詳しくは Sebastian Raschka and Vahid

---

1) 例えば，機械学習分野でよく用いられるランダムフォレスト，アダブースト，勾配ブースティングなどはすべて決定木をベースとしている。

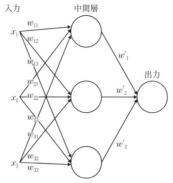

図10. ニューラルネットワークのイメージ

Mirjalili（2020）を参照されたい。

③ クラスター分析

　最後にクラスター分析について説明する。クラスター分析というのは，ある特定の手法を指すのではなく，多くの変数の中から似た特徴を持つ変数をまとめて分類するという方法の総称である。この説明だけでは，主成分分析もクラスター分析の一種なのではと考えるかもしれない。しかし，主成分分析では主成分という新たなデータの作成を行っているのに対して，クラスター分析では単にデータの分類のみを行う点で異なる。またクラスター分析は，大きく階層型クラスター分析と非階層型クラスター分析の2つに分けることができる。

　まず階層型クラスター分析では，何らかの基準に従って近いデータを結合していき，図11のような樹形図（デンドログラム）を作成することによってクラスター化（データの分類）を行っていく。

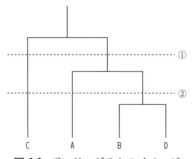

図11. デンドログラムのイメージ

このとき，樹形図の下のほうで結合されているデータほど近い関係にあるといえる。つまり，図11の例ではBとDが最も近いことになる。また，どこの点線でデンドログラムを区切るかによって，いくつのクラスターに分割されるかが異なる。もし図11中①の線で区切ればクラスター数は（C）と（A, B, D）の2つ，②の線で区切れば（C），（A）と（B, D）の3つになる。いくつのクラスターに分割するかは分析者の判断に委ねられる。

　一方，非階層型クラスター分析では前述の方法とは異なり，まず分割するクラスターの数を決める。その上で，同じクラスターにはなるべく似たデータが集まるように，異なるクラスター間にはなるべく似ていないデータが集まるように分類を行う。

　このように，分析手法には様々なものがあるため，目的に応じてどの手法が適切なのかをしっかりと選ぶ必要がある。

節末問題

　次の①〜③のような分析を行いたいとき，どのような手法を用いるべきか答えよ。

①　あるクラスにおけるテストの得点と勉強時間のデータから，勉強時間が1時間増えると，テストの得点にどの程度影響を及ぼすか分析する

②　タイタニック号の沈没事故において，どのような属性の人（年齢，性別，客室等級など）が生存しやすいのか分析する

③　体力テストの項目（筋力，俊敏性，跳躍力，柔軟性，筋持久力，全身持久力）において，どのような項目が関連しあっているのか分析する

8節 統計データのグラフ表現
― 様々なグラフ表現と使い分け ―

データ分析の結果で様々なグラフを適切に用いることは非常に重要なことである。また，同じ形式のグラフであっても，色やフォント等を変更することで見やすさは大きく違ってくる。本節では，代表的なグラフの種類と使い方について解説する。

1 グラフ表現の重要性

本節では統計データのグラフ表現を取り扱う。統計データは記述統計量の算出，母平均・母分散の推定，検定や多変量解析といった数学的な処理が基本だが，それらのプロセスと結果を視覚的に表現するためにはグラフ表現は欠かせない。

統計データのグラフ表現には大きく分けて 2 つの目的がある。

1 つは，統計分析の結果をわかりやすく表現し，分析結果を他者に伝えることであり，もう 1 つは，分析者自身が分析をより正確に進め，分析のための気づきを得ることである。言い換えれば，統計データのグラフ表現には，結果を伝えるためのグラフ表現と，分析プロセスを支えるグラフ表現の 2 種類がある，ということになる。

結果を伝えるためのグラフ表現で重要なのは，正確性とわかりやすさであり，グラフの選択や凡例・データの表示，最大値や最小値の設定，色や線の太さ，表との組み合わせなど体裁をいかに整えるかが重要になる。

一方，分析プロセスでのグラフ表現では体裁を整えることにほとんど意味はない。分析者が内容を理解・解釈し，何らかの解釈のための新しい示唆を得ることが目的であるからである。

そのため，統計データのグラフ表現では，分析プロセスでグラフ表現を試行錯誤し，その中から分析結果を伝えるために適切なものを選び出すという手順をとることが多い。

2 グラフ表現の基本ルール ·······················

グラフ表現には記述方法に一定のルールがある。ここではグラフだけではなく表の表記ルールを含めて整理しておく。

表の名称は表1の通りである。

表1. 表の表記ルール

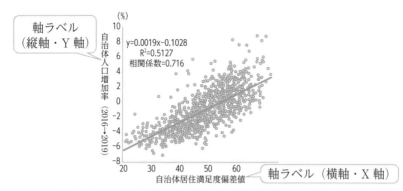

表－2. 自治体区分ごとの回答者数の記述統計量

区分	自治体数	回答者					
		総数	平均	標準偏差	最小	最大	人口比
区	197	73,093	371	291	47	2,452	0.198%
市	656	92,167	140	177	30	1,351	0.121%
町村	134	5,548	41	19	30	107	0.153%
合計	987	170,808	173	221	30	2,452	0.147%

人口比は区分ごとの回答者合計 / 人口合計

注，注釈，出典，出所等

図（グラフ）の表記ルールと各部の名称は図1の通りである。

$y=0.0019x-0.1028$
$R^2=0.5127$
相関係数=0.716

図－1. 自治体人口増加率と居住満足度偏差値の散布図

図1. 図の表記ルール

図と表の違いで注意するのは，表題・題目の位置で，表の場合は表題が上，図の場合は題目が下になる。これを間違えると基本的なルールを守っていない（理解していない）と思われ，内容の信頼性への印象が損なわれることにもつながりかねないので十分注意する必要がある。

③ 様々なグラフ表現

① 棒グラフとヒストグラム

　棒グラフとヒストグラム（度数分布図，柱状グラフともいう）は厳密には違うものだが，実務的には棒グラフの中で一定の条件を満たすものがヒストグラムと考えるほうが理解しやすい。

　実際，実務的なグラフ作成は Excel で行うことがほとんどだと思われるが，Excel の棒グラフ作成の方法でヒストグラムの条件を満たす棒グラフを作成することが可能である。もっとも，Excel では棒グラフとヒストグラム作成はそれぞれの作成方法が用意されているが，ヒストグラムの作成は区分値の指定が少し面倒で，結果を示すためのグラフ作成であれば，ヒストグラムを棒グラフとして作成したほうが体裁を整えやすいことが多い。

　一方，分析プロセスとしてのヒストグラム作成であれば，棒グラフではなくヒストグラムとして作成したほうが筆者の経験では効率が良い。

　図2は政令市および東京特別区ごとの日常的に鉄道を使う比率を表した棒グラフで，棒グラフの条件は「棒で各項目の値を示す」だけである。

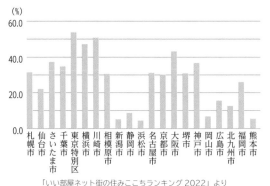

「いい部屋ネット街の住みここちランキング 2022」より

図2. 政令市および東京特別区ごとの日常的に鉄道を使う比率

一般的な解説では「棒と棒の間に間隔があること」「値を示す各棒は独立した項目であること（上記例では市が違う）」という条件が付与されていることもあるが，実務上はこの2つの条件は必ずしも必須ではなく，見やすさを考えて，棒と棒の間隔をなくし，同じ項目の時系列変化を表現したりすることもある。

　また，棒グラフの場合は，ヒストグラムで必須の条件とされている，「表現する項目は同一であること」「**原則として区間が一定であること**」は，満たしていてもよいが満たしていなくてもよい。

　一方，ヒストグラムには，「棒で各項目の値を示す」という条件以外に，「棒と棒の間に間隔がないこと」と「表現する項目は同一であること」「**区間が一定であること（これにより棒の面積が度数を表すことができる）**」という3つの条件を満たす必要がある。

　図3はヒストグラムの例であり，アンケート調査の回答者を年齢別に人数を集計したものである。

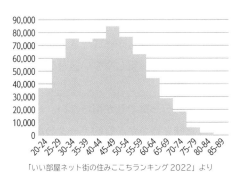

「いい部屋ネット街の住みここちランキング 2022」より

図3. アンケート調査回答者の年齢別人数

　ヒストグラムでは，累積度数の折れ線グラフを重ねた「パレート図」と呼ばれる表示方法もよく使われる。

　図4のパレート図をみると，累積度数が50％になるのは，40−44歳の区分値であり，ここが中央値（第2四分位値）になる，ということがわかる。同様に第1四分位値（25パーセンタイル）や第3四分位値（75パーセンタイル）の区分値の概数も把握することができる。

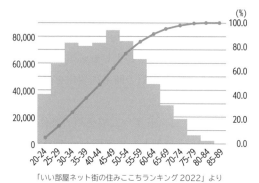

図4. アンケート調査回答者の年齢別人数と累積度数（パレート図）

　ヒストグラムの作成では区分（区間）を適切に設定することが重要で，階級数を決めるための目安にはスタージェスの公式というものがある。

$$K = \log_2 n$$

K：区間数，n：データ数。

　例えばデータが64個の場合は，$K = 1 + \log_2 64 = 7$ となり，100個のデータの場合には，$7.228 \doteqdot 8$ となる。

　ただしExcelで簡単にヒストグラムが作成できる現代では，スタージェスの公式にこだわる必要はなく，最も解釈しやすい区分値を探していろいろ試してみるのがよい。

　なお，ヒストグラムは量的データでしか用いない。ヒストグラムの区分値の幅と高さを掛けた面積は意味を持つが，質的データの場合には，区分値の幅が一定とは限らず面積が意味を持たないからである[1]。

　また，棒グラフもヒストグラムも縦に度数を伸ばすのが一般的だったが（図5），最近ではExcelも横方向に伸ばす形態を選択することが簡単になったため，横方向の棒グラフはよく使われるようになっている。データ項目が長い場合には，図6のように横棒グラフのほうが見やすい。

　棒グラフで気をつけることは，度数のゼロを必ず表示することである。ゼロを表示しないとデータの差が実態以上に強調され，印象操作につながりかねないからである。スペースに余裕がない等の場合には，破断線を表示する。

---

1) ただし，実務的には分析プロセスで質的データ（大変満足を5点，満足を4点，どちらでもないを3点，不満を2点，大変不満を1点など）を使ってヒストグラムを作成しても問題ない。

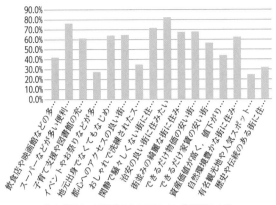

図 5. 住みたい街の要素（縦棒グラフ）

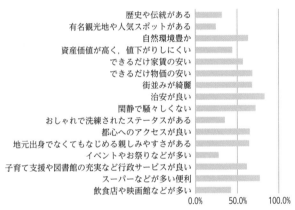

図 6. 住みたい街の要素（横棒グラフ）

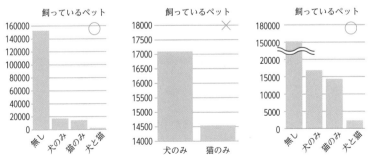

図 7. 棒グラフの正しい使い方

図7の3つの棒グラフを見比べると，左の棒グラフでは「犬のみ」と「猫のみ」の差を把握しにくいが，真ん中の棒グラフでは度数のゼロを表示していないため，実態以上に差が大きいように誤解を与えてしまう。右の棒グラフでは最も回答者が多い「無し」との差を表現するために破断線を使用している[1]。

　棒グラフには，棒グラフを積み上げることで1本の棒に複数の要素を盛り込める積み上げ棒グラフ，棒の長さを100%として各要素の構成比を示す100%積み上げ棒グラフ，同じ要素の数値を横に並べて示す集合棒グラフ，というものもある。この3種類にも縦方向と横方向のグラフがあり，区分線を入れる場合もある。

　図8は積み上げ棒グラフ（縦方向）に区分線を入れたものである。

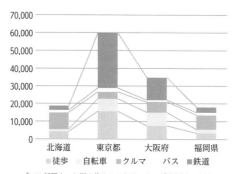

「いい部屋ネット街の住みここちランキング2022」より

図8. 地域別通勤手段の回答者数

　図9は100%積み上げ棒グラフ（横方向）である。

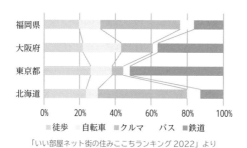

「いい部屋ネット街の住みここちランキング2022」より

図9. 地域別通勤手段の比率

1) Excelでは破断線入りの棒グラフを作成する機能がないため，破断線を適用するデータと適用しないデータを分けて積み上げ棒グラフを作成し，第2軸を設定した上で非表示として第1軸の区分値を変更するといった複雑な手順が必要になる。

図 10 は集合棒グラフ（縦方向）である。

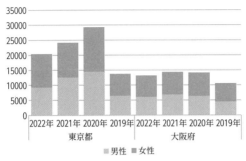

図 10. 年度別性別回答者数

② 折れ線グラフ

　折れ線グラフは主に時系列などの連続的変化を捉えるときに使用するグラフ
で，図 11 の空き家率の経年変化のように基本的には 1 つのデータ項目を取り
扱う。棒グラフでも同様の表現はできるが，一般にはあまり使わない。

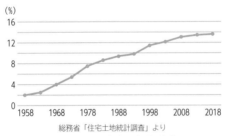

図 11. 空き家率の経年変化

　棒グラフと同様に，縦ではなく横でも表現可能で，かつ棒グラフと違って，
図 12 のような複数の項目を同じグラフに表示し比較することに向いている[1]。

---

1) Excel でこのような縦方向の折れ線グラフを作るのには複雑な手順を踏む必要があり，専用の統
計ソフト等を使わないと簡単にグラフを作成することができない。

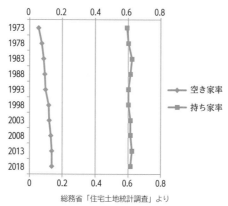

図12. 空き家率と持ち家率の経年変化

　棒グラフと同様に図13のような積み上げの折れ線グラフも使えるが，折れ線の場合は100%積み上げ折れ線グラフはほとんど使われない。

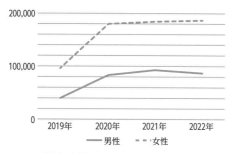

「いい部屋ネット街の住みここちランキング2022」より

図13. 調査年ごとの性別回答者数

　図14のような棒グラフと折れ線グラフを組み合わせたグラフも非常によく使われる。

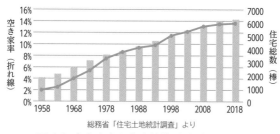

総務省「住宅土地統計調査」より

図14. 空き家率と住宅総数（万戸）の変化

③ 円グラフ

円グラフは，図 15 のように複数の項目の割合を表すのに使う。

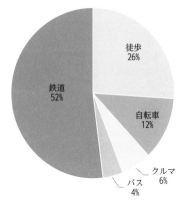

「いい部屋ネット街の住みここちランキング 2022」より

図 15. 東京都在住就業者の通勤手段

同様の割合の表現は図 16 のような 100％積み上げ棒グラフ（横方向）でも可能で，どちらのグラフを使うかは，伝えたい内容や，見やすさ，解釈しやすさによって選択する。

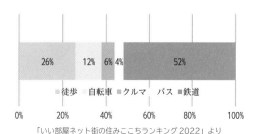

「いい部屋ネット街の住みここちランキング 2022」より

図 16. 東京都在住就業者の通勤手段

割合の一部をさらに細かく詳細の割合を表示するような，図 17 のような補助円グラフ付円グラフといった使い方もある。

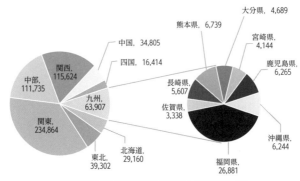

図17. 回答者の全国地域分布と九州地方の回答者分布

図18のような円グラフの一種のドーナツグラフというものもある。

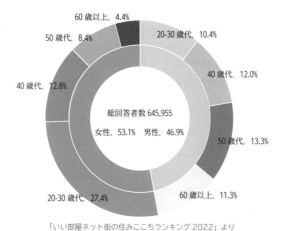

図18. 性別（内側）・年代別（外側）回答者比率

　図17と図18をみると，要素数が多いためカラーとなっている点に注意してほしい。要素数が多くなれば白黒での印刷が難しい場合もあるため，印刷時のことも考慮して使用するグラフを選択する必要がある。

④ 箱ひげ図

箱ひげ図[1]の原理は簡単で，箱の真ん中の線が第2四分位値＝中央値（50パーセンタイル），左（下）の線が第1四分位値（25パーセンタイル），右（上）の線が第3四分位値（75パーセンタイル），左（下）の髭は，第1四分位数－四分位範囲（第3四分位値と第1四分位値の差）×1.5以内にある最小値，右（上）の髭は第1四分位数＋四分位範囲（第3四分位値と第1四分位値の差）×1.5以内にある最大値を表している（図19）。

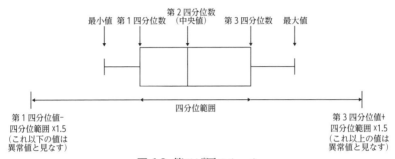

図19. 箱ひげ図のルール

箱ひげ図を使う目的は，データの分布を視覚的に簡単に把握できるからであり，利用目的としては結果を表現するためというよりも，データの分析プロセスでの利用価値が高い。

データの分布を把握するには，記述統計量を求めることが基本だが，実際のデータが正規分布に近いのか，近くないのかを判断することは記述統計量だけでは難しい。

データの分布を把握するためには，ヒストグラムと箱ひげ図を使えば視覚化できるが，Excelの操作としては箱ひげ図のほうが簡単である。そのため，箱ひげ図で大まかなデータの分布を把握した上で，ヒストグラムで確認を行い，結果を説明するためには，「ヒストグラムおよび箱ひげ図で正規分布に近いことを確認した」といった一文だけで，ヒストグラムも箱ひげ図も用いないことも多い。

---

1) 箱ひげ図は，2012年から高校1年の数学Ⅰで扱われるようになり，2020年からは中学2年の数学で取り扱われるようになった。そのため一定年齢以上の人にはあまりなじみがないようだが，今後は使われることが増えていくだろう。

しかし，箱ひげ図はデータ分析のプロセスでは重要な役割を果たすため，使い慣れておく必要がある。

⑤ 散布図

散布図は横軸（X 軸）と縦軸（Y 軸）に対してデータをプロットしたグラフのことで，2 つの変数に関係があるかどうかを視覚的に表現することが可能な図である。

1 章 6 節では説明しなかったが，図 20 のように，散布図上に回帰式や相関係数等を表示して見やすくすることも多い。

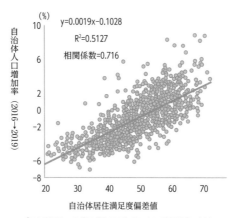

「いい部屋ネット街の住みここちランキング 2022」より

図 20. 自治体ごとの居住満足度偏差値と人口増加率の散布図

また，複数のデータのグループを同一の散布図上に表示し，それぞれに回帰直線を引き，その傾向の違いを表現するといった図 21 のようなこともできる。

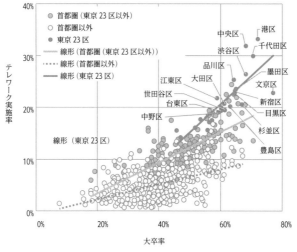

「いい部屋ネット街の住みここちランキング 2022」より

図 21. 大卒率とテレワーク実施率の地域別散布図

　また，時系列の変化を図 22 のような散布図で表現することもできる。図 22 では目黒区の住宅総数と空き家率の両方が 2008 年から 2013 年にかけて減少するというおかしな動きをしており，データに大きな誤差が含まれていることを示唆していることが読み取れる。

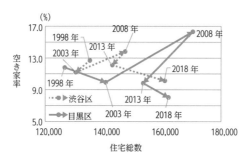

総務省「住宅土地統計調査」より

図 22. 渋谷区・目黒区の住宅総数と空き家率の変化

⑥ バブルチャート

　バブルチャートは散布図を構成する 1 つ 1 つのデータに，もう 1 つ別の量的データを加えて，プロットした点の大きさで表現を追加したものである。

図23では，散布図の横軸に使われた自治体ごとの住みここち偏差値と縦軸に使われている人口増加率に加えて，プロットされている各自治体の人口を点の大きさを変えることで表現している。

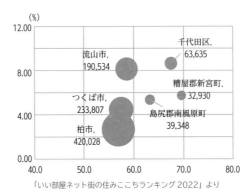

「いい部屋ネット街の住みここちランキング2022」より

図23. 住みここち偏差値と人口増加率および人口に関するバブルチャート

⑦ レーダーチャート

　レーダーチャートは複数の項目を多角形に表現するもので，複数のデータを重ね合わせることで，データの傾向の違いを把握することに向いている（図24）。

「いい部屋ネット街の住みここちランキング2022」より

図24. 吉祥寺の住みここち因子偏差値のレーダーチャート

4 まとめ ●●●●●●●●●●●●●●●●●●●●●●●●●●●●●●●●●●●●

　本章では，表・図の表記ルール，棒グラフ・ヒストグラム・パレート図・積み上げ棒グラフ・100％積み上げ棒グラフ・集合棒グラフ・折れ線グラフ・積み上げ折れ線グラフ・円グラフ・補助円グラフ付円グラフ・ドーナツグラフ・箱ひげ図・散布図・バブルチャート・レーダーチャートといった様々なグラフがあることを解説した。

　棒グラフ・折れ線グラフには横方向のものと縦方向のものがあり，グラフを組み合わせることでよりわかりやすい表現も可能になる。

　どういったケースにどのようなグラフを使うかには一定のルールはあるが，特に分析プロセスにおいては使うグラフを変えるだけでデータの傾向の違いに気づいたりすることもあるため，試行錯誤を繰り返すことが重要である。

　グラフ作成の試行錯誤を繰り返すことはデータを様々な視点で解釈することを促進すると同時に，試行錯誤が経験として蓄積されることで分析の効率が上がり，適切なグラフ表現を選択する力をつけることにもつながる。

　論文やレポート等でスペースが限られる場合には，図のほうが視覚的にわかりやすくても情報量は表のほうが多いことが多いため表を優先すべきだが，散布図のように表では表せない情報が含まれ，それが重要な場合には図を優先する場合もある。さらに，図表の体裁を，2軸使用や複数グラフの組み合わせ等で工夫することで，多くの情報を見やすく盛り込むことで全体の分量を減らすことができる場合もあり，図表の挿入場所[1] にも注意が必要である。

　プレゼンテーションで投影する場合のように図表を単独で使用する場合には図表そのものの体裁，表現，見やすさが重要である。

　また，プレゼンテーションでも論文でも，図表の大きさや図表に含まれるフォントの種類，フォントサイズが異なるものが含まれる場合，全体としての統一感が失われ，見栄えが悪くなるため注意が必要である。

1）日本語の論文は2段組であることが多いため，2段組の文章をページの中で分割しないように，図表は，原則として，ページの上下のいずれかに寄せるように配置するほうが読みやすい。また，本文で図表に言及した後に図表がレイアウトされていることが望ましいが，図表に言及する前に図表をレイアウトすることで図表をページの上下いずれかに配置することができる場合はそれでも差し支えない。さらに，表では縦横の罫線をすべて引くことをしないほうが見やすいが，書き手の見やすさを優先してよい。

本章で説明したように，グラフ表現には様々なものがあり，グラフの選択方法には一定の基準，ルールはあるもののそれは絶対的なものではない。

　グラフ表現そのものも，結果を説明するためのグラフと，分析のプロセスを支えるものの2つに目的が分かれるということにも留意し，近年の統計ソフトやExcel等のソフトでのグラフ表現が簡単に多彩なものになっていることも踏まえ，多くの経験を積み，そのときの状況に応じた最適なグラフを使い分けられるようにしたい。

節末問題

(1)　折れ線グラフを使用するのが最も適切だと考えられるものをすべて選べ。
① 　失業率の経年変化
② 　年収区分（100万円単位）ごとの人数
③ 　統計検定試験受験者の合格者，不合格者，未受験者の比率
④ 　自宅での勉強時間と学業成績

(2)　箱ひげ図に関する記述で正しいものをすべて選べ。
① 　箱ひげ図は中央値やデータの分布を把握するのに適している。
② 　箱ひげ図は外れ値や異常値の影響を大きく受ける。
③ 　箱ひげ図はExcelを使えば簡単に作成することができる。

(3)　グラフ表現に関する説明で正しいものをすべて選べ。
① 　グラフ表現は，分析プロセスのためと結果を説明するための2つの目的がある。
② 　分析結果を視覚的に把握することができ，新たな解釈に気づく場合もあるため多様なグラフを積極的に作成すべきである。
③ 　すべてのグラフは厳密に作成すべきである。

(4)　身近な事例から散布図を使うのに適切な事例を挙げよ。

2章 推測統計学

2章では推測統計学について学ぶ。推測統計学では，標本から得られた情報をもとに，母集団についての情報を推測する方法について学ぶ。これはデータ分析において，信頼性のある結論を導くために重要である。例えばビジネスにおいて，自社サービスの顧客満足度を測定したいとする。顧客の人数が多いと，全員を対象に満足度の調査を行うことは難しい。そこで，一部の顧客に対して調査を行い，そこから全体の満足度を推定することができるようになる。

1 推測統計学の基礎
― 部分から全体を推測する方法 ―

1章では，データの要約を行う記述統計学について説明を行った。それはあくまでも手に入るデータについての要約や，データのグラフィカルな表現を行いデータの全体像を把握しやすくすることを目的としている。しかし統計分析の利用範囲はそれだけではない。その手持ちの少ないデータから，確率を使って全体像を推測することができる。むしろ統計分析の目的としては，こちらのほうが重要であろう。例えば，品質検査において，すべての製品を検査せずとも品質を保証することや，選挙報道において，すべての開票を待たずとも結果を公表することができる。この節では，推測統計学で行っている概念と，推測統計学の基盤になっている確率の基礎について学ぶ。

1 推測統計学のプロセス ●●●●●●●●●●●●●●●●●●●●●●●

研究やビジネスにおいて，ある集団全体，すなわち母集団（1章1節参照）の特性値である平均値や分散に注目することがある。例えば日本人男性全体の身長の平均値や分散などである。しかしながら母集団すべてのデータを取得することは一般的には難しい。母集団からランダムに抽出した標本（サンプル）を利用して，母集団の未知の特性値を推測していく。そのような統計学の方法を**推測統計学**（inferential statistics）という。そのプロセスを図1に示す。

推測統計学においては，全体（母集団）から一部（標本）を無作為抽出して，

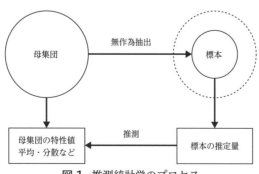

図1. 推測統計学のプロセス

その標本のデータから母集団の特性値についての推定を行うというプロセスを踏む。ここで母集団の特性値を推定するための標本データの統計量を**推定量**（estimator）という[1]。

　ここで推測統計学のプロセスを理解するために，次のような例を考える。町長選でA氏とB氏の2人が立候補した。そこで選挙当日結果発表前に，投票をした人に対して無作為抽出の調査を行い，結果を推測してみることにした。(1) A氏に投票する，(2) B氏に投票するという2種類の状態がある。ここでは開票してからわかる，これらの2つの状態の本当の比率が母集団の特性値になる[2]。ここではこの比率を標本データから推測する。時間や費用の都合上，全員に調査するわけにはいかないから，ここでは100人の無作為抽出の標本調査を行った。その結果，表1のようなデータが得られた[3]。

表1. 選挙の標本調査の結果

		人数	割合
(1)	A氏に投票する	55	55%
(2)	B氏に投票する	45	45%
	合計	100	

　ここでの標本調査の結果では，B氏よりA氏の人数が多く勝つことになる。しかしこの結果からA氏が選挙に勝つと断言できるだろうか。もちろんA氏が可能性は高そうである。しかしこれは標本調査なので，もし100人の調査対象者が違っていたら，B氏が上に出るかもしれない。いずれにせよ，本当の結果，すなわち母集団のAさんに投票する人とBさんに投票する人の比率（＝母集団の特性値）はわからない。母集団に属する全員に調査をしてはいないので，標本調査の結果は母集団の値と異なる可能性がある。

　もう1つの例として，事前に母集団の特徴を知っている特殊な場合を考えよう。例えば，コインを投げて表の出る（母）比率は50％である。これは母集団の特徴の1つである。この場合は母集団の特徴は既知になる。ここで標本として10回コインを振って表が出た回数を表の出る比率の推定量とする。その

---

1) 実際のデータで推定量を計算した具体的な値を**推定値**（estimate）という。
2) 母集団の比率を，（標本の比率と区別するために）母比率と呼ぶこともある。
3) 実際には，期日前投票などを含むので，選挙当日に投票した人のみを対象とするとバイアスがかかる。

場合に表の出る割合は，どれくらいだろうか。10回振って5回表が出れば，推定値では50%であり，母集団の比率と一緒になる。しかし4回の場合，6回の場合，極端な場合は0回や10回の場合もあるだろう。つまり，母集団の比率が50%であっても，毎回必ず標本の推定量は50%にならず結果は変わる。それを示すために，10回コインを振ったときの表が出る回数はどれくらいの確率なのかを図2でグラフに示す。

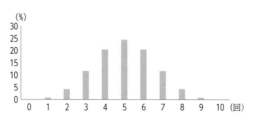

図2. 10回コインを投げて表の出る回数（横軸）とその出現確率（縦軸）

5回である確率が最も高いが，必ずしも5回の結果が得られるのではなく，4回の場合や6回の場合もある。母集団の比率が0.5であっても，必ずしも標本の比率が5/10＝0.5とは限らないのである。

母集団の特性値と標本データから計算する推定量の乖離（かいり）を**標本誤差**（sampling error）という。ここで再度強調すると，母集団の平均や分散などの特性値は固定値であり，一方，標本から計算した推定量は偶然性をもって変動する。この偶然性を考慮するために，推測統計学では先ほどのように確率を用いる。データの値は確率的に発生するので，確率を使って推定についての偶然性を記述するというのが推測統計学の土台となる考え方である。つまり推測統計学を利用する際には確率について理解することが必要になる。

具体的な標本からの推定方法はこれから学ぶことになるが，統計学の基礎的な原理として，標本数が100より200，200より300の場合に平均的な標本誤差が小さくなる傾向がある。その例を図3に示す。

母集団の特性値についての推定量を考える。母集団の特性値自体は固定値であり標本を抽出して推定量を計算するたびに変化はしない。しかし，標本を例えば20個抽出して推定量を計算しても，完璧に推定量が母集団の特性値を当てることはできない。同じように標本を20個抽出して推定量を計算する…と繰り返すことができる状況を考えて，推定量を計算すると図3の点線部分のよ

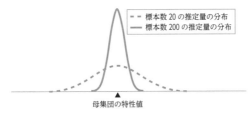

図 3. 推定量の分布の例

うな分布になる。同じように標本を 200 個に増やして抽出して推定量を計算する…ということを繰り返すと、図 3 の実線部分のような分布になる。一般的には、標本数が大きければ推定量は分布の幅は狭くなっていく。つまり、推測をする際には、標本数が多いほうがよいという原則がある。

2 確率の基礎

ここでは推測統計学を学ぶ際に必要な確率について学んでいく。現代の確率論は、厳密に数学的に定式化されており、その基礎として集合に対する知識が必要になるので、最初に確率を統計学で利用するにあたっての集合について学習する。集合とは、ある要素を集めたものである。この節で利用する集合の例として、図 4 の例を考える。o, p, q, r, s, t, u, v, w の文字の書かれた 9枚のカードがある。A さんは、別のカードであるが o, p, q, r, s が書かれた 4 枚を持っている。B さんは o, r, u の 3 枚のカードを持っている。C さんは t, w の 2 枚のカードを持っている。

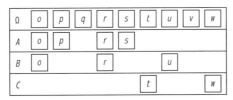

図 4. 10 枚のカードと 3 人の持っているカード

注意点としては A さんと B さんは o と r のカードは重複して持っているということである。

確率の例を示すために、これら 9 枚のカードからランダムに 1 枚のカードを引いたとき、3 人がそのカードの文字に該当するカードを持っていたら当たり

というゲームを考える。例えば，p のカードを引いたら A さんのみが当たり，r であったら A さんと B さんの両方が当たり，v だったら誰も当たりではない。次に確率のそのものの計算ではなく，その背後にある集合，確率では事象の考え方を中心に説明をする。

① 事象

確率においては起こりえる集合を**事象**（event）という。まず起こりえるすべての事象を考える。ここでは 9 種類の文字が全体の事象になる。このようにすべての可能性を含めた事象を全事象という[1]。先ほどの例だと，全事象は次のように記述できる。

$$\Omega = \{o,\ p,\ q,\ r,\ s,\ t,\ u,\ v,\ w\}$$

Ω はギリシア文字で日本語ではオメガと発音する。この文字で慣習的に全事象を表すことが多い。その中の集合を事象と呼び，特にそれぞれの 1 つ 1 つを**根元事象**（elementary event）という。先ほどのゲームの例では 10 個の根元事象がある。事象を表す際には波括弧（"{" と "}"）を使って根元事象の要素を括る。その根元事象が 1 つもないものを**空集合**（empty set）[2] と呼び，次のように記述する。

$$\Phi = \{\ \}$$

Φ はギリシア文字で日本語ではファイと発音し[3]，何も事象がない状態を示す。何もないなら考える必要はないように思えるが，数字の 0 のようにこの概念を利用して様々なことを定義付けすることや計算に用いることができる。次に A さんの持っているカードの集合を事象 A と表すことにして，4 つの根元事象の集合として次のように表す。

$$A = \{o,\ p,\ r,\ s\}$$

ゲームにおいて，この中で o か p か r か s が出れば A さんは当たりである。

---

1) 全事象は，確率論においては正式には**標本空間**（sample space）という。ただし標本の集合などと間違えやすい，さらに数学における「空間」の概念（集合に特性を入れたもの）がわかりにくいので，ここでは全事象という言葉を利用する。
2) 空事象という場合もあるが，空集合という呼び方をすることが多い。
3) 空集合を表すものとして，元は ∅（空集合の出自はノルウェー語で使われるこの文字が利用された）や，Ø を利用する場合もあるが，ここでは一般的に数学でよく使われるギリシア文字の Φ で代替している。

同様にBさんの持っているカードの集合を事象Bとし，3つの根元事象として次のように表す。

$$B = \{o, \ r, \ u\}$$

さらにCさんの持っているカードの集合である事象Cは，2つの根元事象からなり，次のようになる。

$$C = \{t, \ w\}$$

確率を計算する際には，その前提として起こりえる事象を定義付けすることが必要になる。すなわち全事象とそこに含まれる起こりえる事象を事前に知っておく必要がある。

確率を考えるときに，Aさんが当たらないこと，ここでは事象Aに該当しないことを考えてみる。ある事象に該当しないことを**余事象**（complementary event）という。余事象を表現するのには，事象を表す文字の右肩にCを書く。Aの余事象は次のようになる。

$$A^C = \{q, \ t, \ u, \ v, \ w\}$$

全事象の中でAの根元事象の4つを除いたものが余事象になる。図5にAとA^Cを対比させたものを示す。

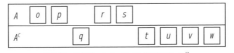

図5. 事象Aとその余事象A^C

2つの事象の共通部分について説明をする。事象Aと事象Bのどちらにも該当する事象を**積事象**（intersection of events）という。2つの事象の積事象を表す場合は，記号∩を利用する。

$$A \cap B = \{o, \ r\}$$

ここでは2つの根元事象からなる。また左辺の読み方は，決まりきったものはないが，例えば「AかつB」，「AキャップB」などと発音する。さて，それでは事象Aと事象C，事象Bと事象Cの積事象はなんだろうか。9枚のカードと3人の持っているカードを見ると，積事象がないことがわかる。すなわち先ほど説明した空集合である。

$$A \cap C = B \cap C = \Phi$$

つまりAさんとCさんが同時に，BさんとCさんが同時にくじに当たる文字は存在しないことになる。このように積事象が空集合の2つの事象を互いに**排反**（mutually exclusive または disjoint）という。なお事象AとA^cは互いに排反になっている。

　次に2つの事象を合併した**和事象**（union of events）という。2つの事象の和事象を表す場合は，記号∪を利用する。事象Aと事象Bの和事象は次のようになる。

$$A \cup B = \{o,\ p,\ r,\ s,\ u\}$$

　左辺の読み方は「AまたはB」，「AカップB」などという。$A \cup B = \{o,\ o,\ p,\ r,\ r,\ s,\ u\}$のように，積事象を重複させないことに注意する。$A \cup B$の意味として，「(1)Aさんのみ当たる，(2)Bさんのみ当たる，(3)AさんもBさん両方当たるという3つの状態のうち，いずれかに該当する」ことを示している。反対にいうと，AさんもBさんも両方当たりではない，すなわちハズレではない状態である。次に事象Aと事象C，事象Bと事象Cの和集合はそれぞれ次のようになる。

$$A \cup C = \{o,\ p,\ r,\ s,\ t,\ w\}$$
$$B \cup C = \{o,\ r,\ t,\ u,\ w\}$$

　それぞれ積事象を含まないので重複部分を気にしなくてよい。互いに排反の場合はそのまま根元事象を組み合わせればよい。3人の積事象と和事象について図6にまとめる。

	o	p	r	s	t	u	w
A	o	p	r	s			
B	o		r			u	
C					t		w
A∩B	o		r				
A∩C							
B∩C							
A∪B	o	p	r	s		u	
A∪C	o	p	r	s	t		w
B∪C	o		r		t	u	w

図6. 3人の積事象と和事象

最後に集合を視覚的に見る**ベン図**（Venn diagram）を使って，余事象，積事象，和事象について復習をする。それらをベン図に示すと図7のようになる。

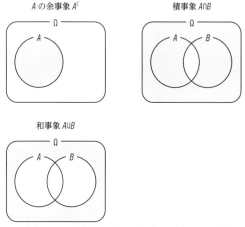

図7. ベン図による事象例（白い部分が該当する事象を示す）

A^Cとは，ある事象Aが起こらない事象であり，事象A以外の事象が該当する（左上の図）。積事象$A \cap B$は，2つの共通部分になる（右上の図）。もし2つの事象の積事象がない，すなわち空集合であるならば排反という。和事象$A \cup B$は2つの集合の合併になる（左下の図）。ここで和事象$A \cup B$は，必ず積事象$A \cap B$を内部に含むことに注意しよう。

② 確率

不確実性を表すために，事象の起こりやすさの度合いとして確率を導入する。確率とは何かというと哲学的な議論も含み，難しい話になるが，先ほどの事象に即していえば，全事象における該当する事象の相対的な大きさを示す。事象Xの起こる確率を次のように表現する。

$$\Pr(X)$$

$\Pr$とは確率の probability の頭2文字をとったものである。すべての事象を表す全事象Ωの中で，いずれかの根元事象が起こる確率を次のように1に定める。

$$\Pr(\Omega) = 1$$

つまりは確率の上限は 1 （＝100％）である。また確率の下限は 0 （＝0％）である。例えば，空集合の場合は確率が 0 になる[1]。それを次のように表す。

$$\Pr(\Phi) = 0$$

確率が使われる身近な事例である天気予報では，晴れや雨などの未来の天気の状態を確率で表す。しかし「明日の晴れの確率はマイナス 10％」や「雨の確率は 200％」とはいわない。確率の範囲は必ず 0 以上，1 以下である。

それでは前項の事象におけるカードの例を使って，確率について考える。9個の根元事象のマスがあり，全事象の面積を 1 とした場合の事象の相対的な面積が確率に該当する。前項の 3 つの事象について，図 8 に示しながら確率を示す。

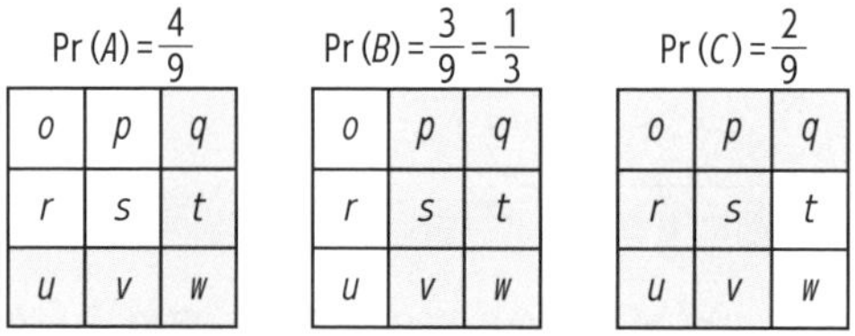

図 8. 3 つの事象の確率（白い部分が事象に該当する）

1 つのマスは 1/9 と考えればよい。この中で一番大きい面積が大きいのは事象 A であり確率は 4/9（左の図），次に面積が大きいのは事象 B であり確率は 3/9＝1/3（中の図），そして面積が一番小さいのは事象 C であり確率は 2/9 となる（右の図）。確率は，長さや面積と同様に比率尺度であり，事象 A の確率 $\Pr(A) = 4/9$ は，事象 C の確率 $\Pr(C) = 2/9$ の 2 倍当たりやすいと解釈が可能である。

次に統計学では 2 つ以上の事象の関係性を利用することがあり，その基礎として事象の積事象と和事象についての確率を考える。それも先ほどの図を利用して考えることができる。それらを図 9 に示す。

1）空集合の確率は必ず 0 であるが，確率が 0 の場合，その事象は空集合とは限らない。

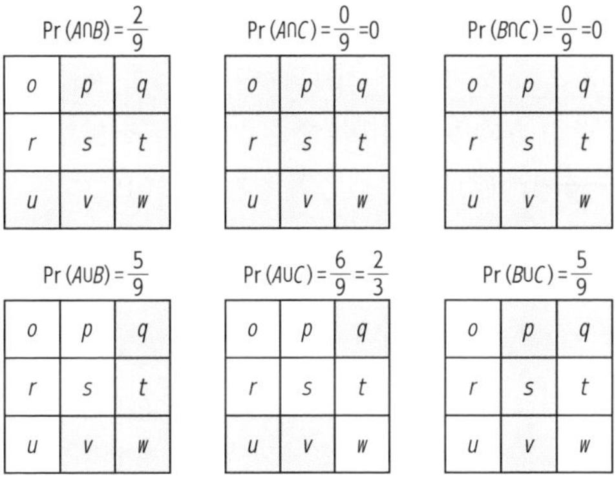

$$\Pr(A \cap B) = \frac{2}{9} \qquad \Pr(A \cap C) = \frac{0}{9} = 0 \qquad \Pr(B \cap C) = \frac{0}{9} = 0$$

o	p	q
r	s	t
u	v	w

o	p	q
r	s	t
u	v	w

o	p	q
r	s	t
u	v	w

$$\Pr(A \cup B) = \frac{5}{9} \qquad \Pr(A \cup C) = \frac{6}{9} = \frac{2}{3} \qquad \Pr(B \cup C) = \frac{5}{9}$$

o	p	q
r	s	t
u	v	w

o	p	q
r	s	t
u	v	w

o	p	q
r	s	t
u	v	w

図 9. 3つの事象の積事象と和事象の確率

　積事象は，共通に含まれるものであり，事象 A と事象 B の積事象は $\Pr(A \cap B) = 2/9$ となる（左上の図）。ここでは A さんも B さんのどちらも同時に当たっている確率と解釈ができる。このような積事象の確率を，事象が2つ同時に起きるという意味で**同時確率**（joint probability）という。一方，事象 B と事象 C の積事象は空集合，事象 B と事象 C の積事象は空集合であり，その場合の確率 $\Pr(A \cap C) = 0/9 = 0$，$\Pr(B \cap C) = 0/9 = 0$ となる（中上の図，右上の図）。これは A さんと C さんが同時に当たることはないことを示しており，同様に B さんと C さんも同様である。

　和事象は，合併したものであり，積事象は元の事象より確率が大きくなる。事象 A と事象 B の和事象は $\Pr(A \cup B) = 5/9$ となる（左下の図）。これは $\Pr(A)$，$\Pr(B)$ や $\Pr(A \cap B)$ より大きくなっている。ここでは A さん，または B さんのいずれかが当たる確率と解釈ができる。

　また和集合の確率 $\Pr(A \cup B) = 5/9$ と，事象の確率の和 $\Pr(A) + \Pr(B) = 7/9$ は同じ値ではないことに注意する必要がある [1]。ただし事象 A と事象 C のように互いに排反，すなわち積事象が空集合であるケースは，和事象の確率と確率の和が一致する。2つの事象が互いに排反，すなわち積事象が空集合の場合は次が成り立つ。

$$\Pr(A \cup C) = \Pr(A) + \Pr(C)$$

---

1) 積事象の重複分を考慮する必要がある。積事象は次のように計算できる。
$$\Pr(A \cup B) = \Pr(A) + \Pr(B) - \Pr(A \cap B)$$
　互いに排反の場合は，$\Pr(A \cap B) = \Pr(\Phi) = 0$ となるので，和事象の確率と確率の和が一致する。

事象 B と事象 C についても同様で，$\Pr(A \cup C) = 4/9 + 2/9 = 6/9 (= 2/3)$，$\Pr(B \cup C) = 3/9 + 2/9 = 5/9$ となる（図9の中下の図，右下の図）。確率を足し合わせる場合は，それらの事象が排反であるかを気を付ける必要がある。

次に事象 A の余事象の確率について考える（図10）。

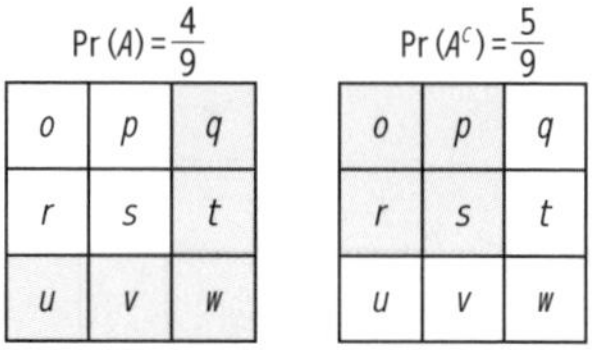

$$\Pr(A) = \frac{4}{9} \qquad \Pr(A^c) = \frac{5}{9}$$

o	p	q
r	s	t
u	v	w

o	p	q
r	s	t
u	v	w

図10. 事象 A（左図）と A^c（右図）の確率

面積で考えれば，$\Pr(A^c) = 5/9$ となる。ここで事象 A と A^c の積事象は空集合であるので，事象 A と A^c は互いに排反になり次の計算が成り立つ。

$$\Pr(A \cup A^c) = \Pr(A) + \Pr(A^c)$$

また事象 A と A^c の和集合は全事象，すなわち $A \cup A^c = \Omega$ である。$\Pr(\Omega) = 1$ なので，それを代入する。

$$1 = \Pr(A) + \Pr(A^c)$$

よってこの式の項を移行して，余事象の確率は次のようになる。

$$\Pr(A^c) = 1 - \Pr(A)$$

この確率の計算方法は，実用上非常に役に立つ。例えばコインを10回投げて表が出る回数を求める。その際に1回以上表が出る確率を計算したいとする。その場合，1回表の出る確率，2回表の出る確率…と計算するのではなく，1回も表が出ない，すなわち「0回表が出る」事象を考える。その余事象は「1回以上表が出る」事象である。先ほどの確率計算を適応すると，次のようになる。

$$\Pr(1 回以上表が出る) = 1 - \Pr(0 回表が出る)$$

このように計算が難しいある事象を余事象とすると，確率の計算が容易になる場合もある。

③ 条件付き確率と独立

統計学において，ある事象が起こったと想定して，その場合に異なる事象の確率を計算することがある。先ほどのカードの例だと，「A さんが当たったと

想定して，Bさんが当たる確率」などとなる。ここでポイントは「Aさんが当たったと想定する」ことである。そのイメージを図11に示す。

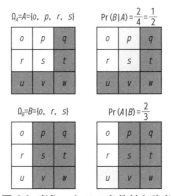

図11. 事象AとBの条件付き確率

「ある事象が起こった」ということを確率では，条件を付けるという。そのような確率を**条件付き確率**（conditional probability）という。この意味は，全事象をある事象に限定することで，その事象が起こらなかった余事象に関しては想定しないことである。例えば，Aさんが当たった場合を全事象Ω_Aとする（左上の図）。その上でBさんが当たる，すなわち事象Bが起こる確率は$2/4 = 1/2$である（右上の図）。それを次のように記述する。

$$\Pr(B|A) = \frac{2}{4}$$

$\Pr(\cdot|\cdot)$というように「$|$」を挟んで右側に条件となる事象を書く[1]。条件付き確率は単に事象Bが起こる確率$\Pr(B) = 3/9$と異なる。また2つの事象が互いに排反の場合は，条件付き確率は0になる。排反であることは，2つの事象が同時に起きないことなので，片一方の事象が起きたと想定したら，もう一方の事象は起きないことになる。同様にBさんが当たったことを全事象Ω_Bとして考えることができる（図11下段）。

1）条件付き確率の定義は次のように表す。

$$\Pr(B|A) = \frac{\Pr(A \cap B)}{\Pr(A)}$$

この式において，$\Pr(A)$が0の場合は条件付き確率を計算ができないので次の定義が利用されることが多い。

$$\Pr(A \cap B) = \Pr(B|A) \times \Pr(A)$$

この条件付き確率は実務上で様々な場面で活用されている。例えば，Eメールにおいての迷惑メールの識別などにも使われている。この場合は届けられたメールが迷惑メールである確率 Pr（迷惑メール）を計算したい。その計算を行う際に，ある単語，例えば「現金」や「投資」などの単語を含む場合は迷惑メールの確率が高くなる。その場合に Pr（迷惑メール｜「現金」,「投資」）を求めて，その値が高いと迷惑メールと判断する[1]。

　次に先ほどのゲームで新しい事象 $D = \{o, p, q, r, s, t\}$ を追加する。その確率は $\Pr(D) = 6/9 = 2/3$ となる（図12の左上）。

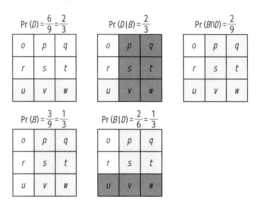

図12. 事象 B と事象 D の条件付き確率と積事象の確率

　ここで，事象 B との条件付き確率を考える。$\Pr(B) = 3/9 = 1/3$（左下の図）であり，事象 B で条件付けられた確率 $\Pr(D|B) = 2/3$ となり（中上の図），$\Pr(B)$ と同等になる。一方，事象 D で条件付けられた確率 $\Pr(B|D) = 1/3$ となり（中下の図），$\Pr(B)$ と同等になる。このように条件付けをしても，確率が変わらず2つの事象の確率が変化しないことを，2つの事象は確率的に**独立**（independent）という。2つの事象が独立しているということは，一方の事象が起こっても片一方の事象の起こる確率に影響しないことである。例えば，コインを2回投げて表の出る確率を考える。1回目に表が出た場合に2回目に表の出る確率と，1回目に裏が出る場合に2回目に表が出る確率は変わらない。このように1回目の事象と，2回目の事象は独立といえる[2]。

1）実際に計算する際には，ナイーブ・ベイズという方法を使う。
2）条件付き確率で書くと Pr（2回目に表が出る｜1回目に表が出る）＝Pr（2回目に表が出る）となる。

そして独立の場合，確率の計算で次のことが成り立つ。

$$\Pr(B \cap D) = \Pr(B) \times \Pr(D)$$

つまりは，2つの積事象の確率は各々の確率の積で計算できる[1]。先ほどの例だと，$\Pr(B \cap D) = 2/9$ であり，$\Pr(B) \times \Pr(D) = 1/3 \times 2/3 = 2/9$ であり一致する。この計算は独立でない場合は一般的に成り立たない。例えば事象 A と事象 B について考える。$\Pr(A \cap B) = 2/9$ に対して，$\Pr(A) \times \Pr(B) = 4/9 \times 3/9 = 4/27$ であり，2つの事象は独立ではない。

この独立の概念は統計学において計算でよく使われる。ある（十分に大きい）母集団から1つ標本をランダムに抽出する。再度，同じように何回も標本をランダムに抽出する。この場合，標本に関する事象は互いに関係せず独立と仮定して，母集団の特性について推測を行うのが一般的である。例えば，内閣支持の調査を考える。「内閣を支持する」，「内閣を支持しない」という事象がある。この確率，すなわち内閣支持率は未知であり，母集団の特性として推測対象になる。調査対象者の1人目が「支持する」と回答したとしても，2人目の調査対象者に回答に影響を与えないと仮定して推測を行っていく。一般的には，標本調査の場合，各標本の事象に独立性を仮定する。

1）正式には，この式が独立性の定義になる。この式では条件付き確率を含まない。

(1)　全事象を次のようにする。
$$\Omega = \{1,\ 2,\ 3,\ 4,\ 5,\ 6,\ 7,\ 8,\ 9,\ 10\}$$
そして，事象を次のように定める。
$$A = \{1,\ 2,\ 3,\ 4,\ 5\}$$
$$B = \{2,\ 4,\ 6,\ 8,\ 10\}$$
$$C = \{3,\ 6,\ 9\}$$
この場合に次の事象を求めよ。$A \cap B$，$A \cup B$，A^c，$A^c \cap C$，$B^c \cup C^c$

(2)　事象の確率が次のように定義されている。$\Pr(A) = 0.3$，$\Pr(B) = 0.2$，$\Pr(A \cap B) = 0$
このとき次の確率を求めよ。$\Pr(A^c)$，$\Pr(B^c)$，$\Pr(A \cup B)$

(3)　事象 A と事象 B は互いに独立であり，次のような確率で定義されている。$\Pr(A) = 0.5$，$\Pr(B) = 0.2$
このとき，次の確率を求めよ。$\Pr(A|B)$，$\Pr(A \cap B)$

2 確率分布
― 二項分布・ポアソン分布・正規分布・t分布・カイ二乗分布 ―

2
節

確率分布とは，確率変数に対応する確率を定義したものである。母集団の推定や検定には確率分布を利用するため，推測統計学においては確率分布の知識が不可欠となる。

1 確率変数

まず**確率変数**（random variable）とは，観測値に確率が対応している変数のことを指す。言い換えると，偶然性を伴う事象を表す変数は確率変数であるといえる。例えばサイコロの出た目を考える。サイコロの出た目をXとすると，Xは1，2，3，4，5，6をとる可能性があるが，実際にXがいくつであるかはサイコロを振らないとわからない。$X=1$であることもあるし，$X=3$となる可能性もある。これを「偶然性を伴う事象」といい，この場合のサイコロの出た目Xは確率変数である。くじで当たりが出る本数や，コインを3枚投げたときに表が出る枚数なども同様に確率変数である。特に，当たりが出る本数や表が出る枚数などを考える際には，当たりが1本も出ない場合や表が1枚も出ない場合なども考慮する必要があるため，$X=0$も確率変数に含まれることに注意が必要である。

2 期待値

ここで確率における期待値について簡単に述べる。確率における期待値とは，確率変数のとる値に，対応する確率の重み付けをした加重平均のことを指す。言い換えると，確率変数と確率の積和のことである。

例えば，4択問題のみで構成される試験問題を考える。4択の選択肢のどれが正解かの確率は一定であるとし，各問の得点が同じであるとするならば，この試験の「見込みの得点」は期待値である。宝くじにおいて，受け取れる賞金の「見込みの金額」も期待値と考えることができる。

3　確率分布 •••••••••••••••••••••••••••

　ここまで述べてきた確率変数について，それぞれ対応する確率を定義したもののことを確率分布という。確率分布は，離散確率分布と連続確率分布の2つに大別できる。それぞれ確率変数が離散変数である場合，連続変数である場合の確率分布である。

　離散変数とは，中間の値が存在しない変数のことで，通常は整数値のみをとる。例えばサイコロの目は離散変数であり，「1の目」や「2の目」は存在するが，「3.5の目」は存在しない。

　連続変数とは，連続的につながり，無限に中間の値が存在する変数のことで，実数上のどのような値でもとりうる。重さや温度，距離などは連続変数である。

4　離散確率分布 •••••••••••••••••••••••••

① 二項分布

　結果が「起こる」「起こらない」の二択である試行[1]を独立にn回行ったときの，起こる回数を確率変数とする離散確率分布である。ただし，各試行における起こる確率πは一定である。具体例で考えてみる。

　「ある野球選手の打率は3割2分（0.32）である。この選手が5回打席に立つとき，3回ヒットを打つ確率を求めたい。」

　この例では，試行は「打席に立つ」であり，予測される結果は，ヒットを「打つ」「打たない」の二択である。また，1打席中に2回以上のヒットを打つことはあり得ないし，1回目の打席での結果（打つ・打たない）と，2回目の打席での結果は関係しないので，各試行は独立である。試行回数nは打席に立つ回数である。「5回打席に立つ」とあるので，$n=5$である。求めたいのは「3回ヒットを打つ確率」なので，確率変数$x=3$であり，求める確率は$\Pr(X=3)$である。また，事象の起こる確率πは，1打席中にヒットを打つ確率（＝打率）であるため，$\pi=0.32$である。

　二項分布における確率は以下の式で定義される。

$$\Pr(X=x) = {}_nC_x\pi^x(1-\pi)^{n-x}$$

1）ベルヌーイ試行（Bernoulli trial）と呼ばれる。

ここで，項を1つずつ順に見ていく。左辺 $\Pr(X=x)$ は，確率変数 X が x である確率を表す。先の事例では上述の通り，「3回ヒットを打つ確率」なので，求める確率は $\Pr(X=3)$ である。

右辺第1項の $_nC_x$ は**組合せ**（combination）[1] を表す。上記の例では全打席数 $n=5$，ヒットの回数 $x=3$ であるため，組み合わせの数は $_5C_3$ となる。

組み合わせの計算方法は以下の通りである。

$$_nC_x = \frac{n!}{x!(n-x)!}$$

$n!$ は，1から n までの積[2] である。上記の例を用いて，実際に書き下してみると次のようになる。

$$_5C_3 = \frac{5!}{3!(5-3)!} = \frac{5!}{3! \times 2!} = \frac{5 \times 4 \times 3 \times 2 \times 1}{(3 \times 2 \times 1) \times (2 \times 1)} = 10$$

組み合わせの計算は複雑そうに見えるものの，実際に書き下してみると約分できるところがかなり多く（網掛け部分は丸ごと約分できる），計算は比較的楽にできる。

右辺第2項の π^x は，事象の起こる確率 π の起こる回数 x 乗である。上述の例では，事象の起こる確率（＝打率）$\pi=0.32$，事象の起こる回数（＝ヒットの本数）$x=3$ であるため，$(0.32)^3$ である。

右辺第3項の $(1-\pi)^{n-x}$ は，事象の起こらない確率 $(1-\pi)$ の起こる回数 $n-x$ 乗である。上述の例では，事象の起こらない確率，すなわちヒットを打たない確率は $(1-\pi)=1-0.32=0.68$，ヒットを打たない事象が起こる回数 $n-x=5-3=2$ であるため，$(1-0.32)^{5-3}=(0.68)^2$ である。

これらをそれぞれ1つずつ計算し，代入することで，二項分布に従う確率を計算することができる。上述の事例で，5回打席に立つとき，3回ヒットを打つ確率は以下の通りである。

---

1) 5回中3回ヒットを打つ場合，例えば打席ごとに，1回目に打つ・2回目に打つ・3回目に打つ・4回目に打たない・5回目に打たない，でも「5回中3回ヒット」になるし，1回目に打つ・2回目に打たない・3回目に打つ・4回目に打たない・5回目に打つ，でも「5回中3回ヒット」になる。5回中のどこで3回打っても「5回中3回ヒット」になるため，全パターンで何通りあるかを計算する必要がある。

2) 階乗という。また，0の階乗は1（0!=1）と定義されている。

$$\Pr(X=3) = {}_nC_x\pi^x(1-\pi)^{n-x} = {}_5C_3(0.32)^3(1-0.32)^{5-3}$$
$$= 10 \times 0.032768 \times 0.4624 = 0.151519$$

よって5回中3回ヒットを打つ確率は $0.15 = 15\%$ 程度ということになる。

以上のことから，二項分布に従う確率分布においては，試行回数 n と，事象が起こる確率 π がわかれば，確率を計算できることがわかる。よって，確率変数 X の分布が二項分布である場合，「確率変数 X は二項分布 $B(n, \pi)$ に従う」といい，$\textbf{X} \sim \textbf{B}(\textbf{n}, \textbf{\pi})$ と表記する。ここでの B は**二項分布**（Binomial distribution）の頭文字，～は「従う」の意味である。

② 確率変数が二項分布に従うときの期待値と分散

二項分布に従う確率変数 X の期待値 $E(X)$ と分散 $Var(X)$ は以下の式で定義できる。期待値とは前述の通り，確率変数がとる値を，その確率によって重み付けした平均値（加重平均[1]）のことである。

$$E(X) = n\pi$$
$$Var(X) = n\pi(1-\pi)$$

③ ポアソン分布

ポアソン分布（Poisson distribution）は，二項分布の特殊型の1つである。二項分布における，事象が「起こる確率 π」が極端に小さく，かつ試行回数 n が十分に大きい場合に用いられる。例えば，1日当たりの死亡事故件数や生産ラインに不良品が混ざる件数，1分間当たりの来店者数などがポアソン分布に従うと考えられる。

起こる確率 π が極端に小さいとは，具体的には $(1-\pi) \doteqdot 1$ とみなせる場合である。例えば $\pi = 0.0000001$ である場合，$(1-\pi) = 0.9999999$ となり，ほぼ1とみなすことができる。よって，ポアソン分布に従う確率変数 X の期待値 $E(X)$ と分散 $Var(X)$ は以下の式で定義できる。

$$E(X) = n\pi$$
$$Var(X) = n\pi$$

1）加重平均については1章4節参照。

5 　連続確率分布 ●●●●●●●●●●●●●●●●●●●●●●●●●●●●●●●●●●

　連続確率分布の場合はより複雑である。確率を計算するためには、累積度数に対応する分布関数[1] $F(x) = \Pr(X \leq x)$ を想定し、この分布関数を積分した確率密度関数 $f(x)$[2] を計算する必要がある。ただし統計学において必要なのは、積分の計算を行うことではなく、**面積を表すものであるという概念**である。図1は分布関数 $F(x) = \Pr(X \leq x)$ のグラフである。横軸は確率変数のとりうる値 x、縦軸は $F(x)$ である。このグラフのうち、直線部分の横軸の値を y、縦軸の値を $F(y)$ とする。一方、図2は確率密度関数 $f(x)$ のグラフである。横軸は同じく x、縦軸は $f(x)$ である。横軸上に分布関数と同じ y の値をとると、確率密度関数 $f(x)$ のグラフと、横軸 x、横軸上の値 y で囲まれた斜線部分を考えることができる。この**斜線部分の面積**が、左図の分布関数の縦軸の値 $F(y)$ であり、確率変数 y に対応する確率である。

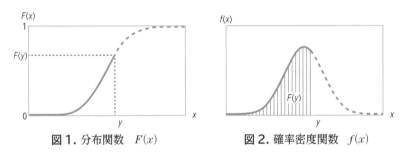

図1. 分布関数　$F(x)$　　　　　図2. 確率密度関数　$f(x)$

　確率の合計は1となることより、横軸すなわち確率変数 x のとりうる範囲の左端 $-\infty$ から右端 $+\infty$ までのすべての範囲を考えた場合の確率密度 $\int_{-\infty}^{+\infty} f(x)dx = 1$ となる（図3）。さらに、確率は必ず0から1の間の値をとるため、必ず確率密度の値は正となる[3]。

　また、確率変数 x が a から β の間である確率 $\Pr(a \leq x \leq \beta)$ も、面積の計算から求めることができる（図4）。横軸左端の $-\infty$ からの面積を考えれば、ま

---

1) 分布関数は単調に増加する関数であり、$F(-\infty) = 0$ かつ $F(+\infty) = 1$ である。

2) $F(x) = \int_{-\infty}^{y} f(x)dx$ とする。

3) $f(x) \geq 0$

ず−∞からβまでの面積を求め，−∞からαまでの面積（図中の白い部分）を引けば，αからβまでの面積（図中の縦線部分）を求めることができる[1]。

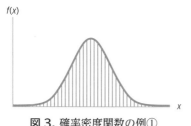

図3. 確率密度関数の例①

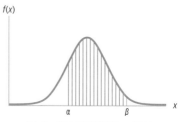

図4. 確率密度関数の例②

① 正規分布

正規分布（normal distribution）は，連続確率分布の1つである。1章3節で述べた通り，①中心が平均値であること，②左右対称であること，③単峰型であること，④横軸が漸近線となること，⑤分散（標準偏差）によって形状が変わること，が正規分布の特徴である。

母集団の分布がどのような分布であっても，無作為抽出した標本における和の分布は，標本の大きさ n が十分に大きいときには正規分布になることが知られている。これを**中心極限定理**という。これを母集団から無作為抽出した標本平均[2]に適用すると，**中心極限定理により標本平均は正規分布に従う**といえる。つまり，正規分布の確率密度が計算できれば，母集団がどのような分布であったとしても，標本平均に関しては確率の計算ができるといえる。一方で，正規分布の確率の計算は以下の式で定義され，非常に複雑である。

$$\Pr(a < X < \beta) = \int_a^\beta f(x)\,dx = \int_a^\beta \frac{1}{\sqrt{2\pi\sigma_x^2}} \exp\left\{-\frac{(x-\mu_x)^2}{2\sigma_x^2}\right\} dx$$

まず，式中に母平均 μ_x と母分散 σ_x^2 が含まれていることから，母平均・母分散の双方が既知であることが必要である。そして，積分記号 $\int$ が含まれて

---

1) 数式で表現すると，

$$\Pr(a < x < \beta) \int_a^\beta f(x)\,dx = \int_{-\infty}^\beta f(x)\,dx - \int_{-\infty}^a f(x)\,dx$$

となる。

2) 標本平均は，係数 $\frac{1}{n}$ を確率変数の和に乗じた形，すなわち $\bar{x} = \frac{1}{n}(x_1 + x_2 + \cdots + x_n)$ であるため，「和の分布」であるといえる。

いることから，母平均や母分散が変わるたびに，すなわち母集団のデータが変わるたびに，複雑な積分の計算が必要であることがわかる。

　そこで，1章5節で述べた標準化[1]を，正規分布に適用する。標準化とは，平均値と標準偏差（分散）を統一する方法で，平均値＝0，標準偏差＝1となる。正規分布に標準化を適用することで，母平均＝0，母分散＝1となり，複雑な計算は一度だけ実施すればよいことになる。このように，標準化を適用した正規分布のことを**標準正規分布**（standard normal distribution）という。確率変数である標本平均 $\overline{X}$ を標準化した確率変数は以下の式で定義できる。

$$Z = \frac{\overline{X} - E(\overline{X})}{\sqrt{Var(\overline{X})}} = \frac{\overline{X} - \mu_x}{\sqrt{\dfrac{\sigma_x^2}{n}}} = \frac{標本平均 - 母平均}{\sqrt{\dfrac{母分散}{標本数}}}$$

　確率変数 Z は平均0，分散1の正規分布に従う[2]といえる。また，確率変数 Z の値 z（$Z = z$）に対応した標準正規分布の上側確率 $\Pr(Z > z)$ は，標準正規分布表（巻末）[3]で求めることができる。確率変数 Z の値 z とは，図5中における横軸上のある点 z，上側確率 $\Pr(Z > z)$ とは，標準正規分布のグラフと横軸上の点 z，横軸で囲まれた斜線部の面積で，確率変数 $Z = z$ のときの確率を表す。

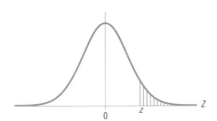

図5. 標準正規分布における上側確率

---

1) 標準化の適用できないケースとして，①はずれ値が存在する場合，②度数分布が左右対称でない場合，③度数分布が単峰型でない場合，が考えられるが，いずれも正規分布の特徴には当てはまらないため，正規分布には標準化を適用することができる。
2) 標準正規分布は平均0，分散1の正規分布であるため。$Z \sim N(0,\ 1)$ とも書ける。
3) 標準正規分布表を含む確率分布表は，ほとんどの統計学の教科書や参考書に収録されている。いずれの教科書においても同じ値であることを確認したい。

② 標準正規分布表の読み方

　標準正規分布表は確率変数 Z の値 z に対応した確率を一覧表にしたもので
あるため，表側と表頭から z の値を探せばよい。以下に例を示す。

例① $z = 1.96$ に対応する上側確率を求めたい

手順1) 表側から 1.9 を探す

手順2) 表頭から 0.06 を探す

手順3) 表側と表頭が交差したところの値 0.02500 が求めたい確率である

　　　　すなわち $\Pr(Z > 1.96) = 0.02500$ である。

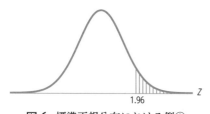

図 6. 標準正規分布における例①
上側確率を求める場合

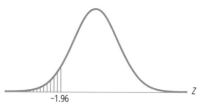

図 7. 標準正規分布における例②
下側確率を求める場合

例② $z = -1.96$ に対応する下側確率を求めたい

　z がマイナスの場合は，対応する確率は標準正規分布表には記載されていな
いが，その場合は正規分布が左右対称である特徴を利用すればよい。すなわち，
$z = 1.96$ のときの上側確率（図6における斜線部の面積）と，$z = -1.96$ のとき
の下側確率（図7における斜線部の面積）は等しい。

例③ $z = 1.96$ に対応する下側確率を求めたい

　この場合も，正規分布が左右対称であること，確率の合計は1であることを
利用すればよい。すなわち，$z = 1.96$ のときの上側確率（図6における斜線部
の面積）を1から引けば，$z = 1.96$ のときの下側確率（図8における斜線部の
面積）を求めることができる。

例④ $-1 < z < 1$ に対応する確率を求めたい

手順1) まず $z = 1.00$ のときの上側確率を表中から探す

　　　　$\Pr(Z = 1.00) = 0.1586$（図9中右側の空白の面積）

手順2) 正規分布は左右対称であるため，$z = -1.00$ のときの下側確率も同じ
　　　　0.1586 となる（図9中左側の空白の面積）

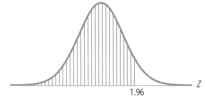

図8. 標準正規分布における例③
下側確率を求める場合

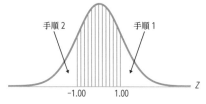

図9. 標準正規分布における例④

手順3) 確率の合計は1であるため，0.1586×2を1から引く（図9中斜線部
の面積）

すなわち $\Pr(-1<Z<1)=1-(0.1586)\times2=0.6828$ である。

③ t 分布

t 分布（t-distribution）は，連続確率分布の1つである。以下の標準正規分布に従う確率分布 Z では，母平均と母分散がともに既知である場合に，対応する確率を計算することができた。

$$Z=\frac{\overline{X}-E(\overline{X})}{\sqrt{Var(\overline{X})}}=\frac{\overline{X}-\mu_x}{\sqrt{\dfrac{\sigma_x^2}{n}}}=\frac{標本平均-母平均}{\sqrt{\dfrac{母分散}{標本数}}}$$

ここで，分母にある母分散 σ_x^2 が未知の場合に，母分散 σ_x^2 の代わりに後で説明する標本不偏分散 $\widehat{\sigma_x^2}$ を用いて標準化した場合，標準化した標本平均は t 分布と呼ばれる確率分布に従う。標本不偏分散については後述する。

$$T=\frac{\overline{X}-\mu_x}{\sqrt{\dfrac{\widehat{\sigma_x^2}}{n}}}=\frac{標本平均-母平均}{\sqrt{\dfrac{標本不偏分散}{標本数}}}$$

確率変数 T は自由度 $(n-1)$ の t 分布に従うといい，$T\sim t(n-1)$ と表記する。ここで，t は t 分布の頭文字であり，$(n-1)$ は自由度である。

自由度とは自由に動くことのできる変数の数のことを指す。例として，$\{2,\ x,\ 5,\ 1\}$ の4つのデータがあるとする。これだけでは，未知のデータ x がいくつなのかはわからない。ここで，平均値 = 3という条件を課すと，$\dfrac{1}{4}(2+x+5+1)=3$ より，$x=4$ であることがわかる。このように，n 個のデー

タにおいて，等式（条件式）が k 個与えられたとき，$(n-k)$ 個の値が明らかになれば，n 個すべての値が明らかになる。この $(n-k)$ のことを自由度といい，v で表されることが多い。例においては，与えられた等式は平均値 $\frac{1}{n}\sum x_i = 3$ の 1 つであるため，$k=1$ であり，自由度 v は $(n-1)$ である。

標本不偏分散は以下の式で定義される。

$$\widehat{\sigma_x^2} = \frac{1}{n-1}\sum(X_i - \overline{X})^2 = \frac{1}{自由度}\sum\{(元のデータ) - (標本平均)\}^2$$

$$= \frac{1}{自由度}\sum(標本平均からの偏差二乗)$$

標本分散は，標本平均からの偏差二乗和 $(x_i - \overline{X})^2$ を，標本数 n で割ったものであったが，標本不偏分散は自由度 $n-1$ で割ったものである[1]。

t 分布は左右対称の確率分布であるが，その形状は自由度 v によって変化する。自由度 v の値が大きくなるにつれて，t 分布の形状は標準正規分布に近似する。

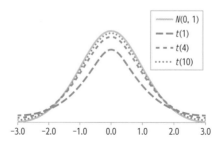

図 10. 標準正規分布と自由度 1，4，10 の t 分布

④ t 分布表の読み方

t 分布表は確率変数 T のパーセント点 $t_a(v)$ を一覧表にしたものである。表側に t 分布の形状を決める自由度 v，表頭に上側確率 a が表記されている。図 11 中の横軸上の値が確率変数 T のパーセント点 $t_a(v)$，斜線部の面積が上側確率 a，グラフの形状が自由度 v によって変化する[2]。

---

1) 導出については Web 上に掲載の補論 3 を参照のこと。
2) ただし確率分布であるため，形状（自由度）が変化しても全体の面積（確率の合計）は 1 である。

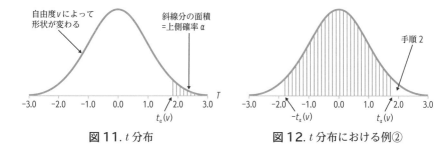

図11. t 分布   図12. t 分布における例②

例①　自由度 $v=20$，上側確率 $a=0.025$ のときのパーセント点，$t_{0.025}(20)$ を
　　　求めたい

手順1)　表側から，自由度 20 を探す

手順2)　表頭から，上側確率 0.025 を探す

手順3)　表側と表頭が交差したところの値 2.0860 が求めたい t の値（パーセン
　　　　ト点）である

例②　自由度 $v=10$ のとき，$\Pr(-t_a(v)<T<t_a(v))=0.90$ となるパーセント点，
　　　$t_a(v)$ を求めたい

手順1)　図 12 における斜線部の面積が 0.90 となるときのパーセント点を求め
　　　　る場合である。確率の合計は 1 であることから，両端の確率（図 12
　　　　中の空白の面積）の合計は $1-0.90=0.10$ である。

手順2)　t 分布は左右対称であるため，図 12 中の空白の面積は等しくなる。よっ
　　　　て，上側確率（図 12 中の右側の空白の面積）は $\dfrac{1}{2}\times0.10=0.05$ となり，
　　　　$a=0.05$ である。

手順3)　文意より自由度 $v=10$，手順 2 より上側確率 $a=0.05$ となるため，対
　　　　応するパーセント点を t 統計表より読み取る。t 統計表より，

$$t_a(v)=t_{0.05}(10)=1.8125$$

⑤ カイ二乗分布

　カイ二乗分布（chi-squared distribution）[1] は，連続確率分布の 1 つであり，
標準正規分布にしたがう統計量の**平方和に関する確率分布**である。確率変数 U

---

1) カイ二乗分布の「カイ」はギリシャ文字のカイ χ に由来する。「χ^2 分布」と表記することもある。
　アルファベットの X と混同しないように注意したい。

が，自由度 v のカイ二乗分布にしたがうとき，$U \sim \chi^2(v)$ と表記する。カイ二乗分布の平均値は自由度 v，分散は $2v$ となる。カイ二乗分布は左右非対称の確率分布であるが，自由度 v が大きくなるにつれて，左右対称の形状へと変化していき，自由度 v が十分に大きいときには正規分布に近似するという特徴がある。図13はそれぞれ，自由度 10，20，30，40，50 のカイ二乗分布を図示したものである。自由度の値が大きくなるにつれて，左右対称の形状へと変化していることがわかる。

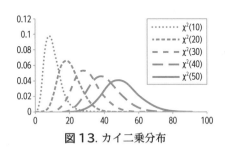

図13. カイ二乗分布

カイ二乗分布にしたがう統計量 U は，以下の式で定義される[1]。

$$U_0 = \frac{\sum_{i=1}^{n}(x_i - \mu_x)^2}{\sigma_x^2} = \frac{\sum_{i=1}^{n}(x_i - \overline{X})^2}{\sigma_x^2} + \frac{n(\overline{X} - \mu_x)^2}{\sigma_x^2}$$

上記の式を，日本語で書き下すと次のようになる。

$$\frac{母平均からの偏差二乗和}{母分散}$$

$$= \frac{標本平均からの偏差二乗和}{母分散} + \frac{(標本数) \times (標本平均 - 母平均)^2}{母分散}$$

左辺 $\dfrac{\sum_{i=1}^{n}(x_i - \mu_x)^2}{\sigma_x^2}$ は自由度 n のカイ二乗分布にしたがい，右辺第1項

$\dfrac{\sum_{i=1}^{n}(x_i - \overline{X})^2}{\sigma_x^2}$ は自由度 $(n-1)$ のカイ二乗分布に，右辺第2項 $\dfrac{n(\overline{X} - \mu_x)^2}{\sigma_x^2}$ は

自由度1のカイ二乗分布にそれぞれしたがう。

1）導出については Web 上の補論1を参照のこと。

⑥ 確率分布の平均値と分散 ·······················

　確率分布は母集団の分布であるといえる。すなわち，確率分布の平均値と分散を求めることができれば，母集団の平均値（母平均 μ_x）と，母集団の分散（母分散 σ_x^2）の値を求めることができる。確率分布の平均値と分散は，以下の式で定義される。

　◎離散確率分布の平均値　$\mu_x = \sum_x x \Pr(X = x)$

　◎連続確率分布の平均値　$\mu_x = \displaystyle\int_{-\infty}^{+\infty} x f(x) \, dx$

　まず確率分布の平均値，すなわち母平均 μ_x から考える。離散確率分布の場合の $\sum$ と，連続確率分布の場合の $\displaystyle\int$ はいずれも「合計」を表すものと考えればよい。何を合計するかをみると，離散確率分布の場合は $x \Pr(X = x)$ である。これは，確率変数 X がとりうる値 x と，確率変数 X が x である確率 $\Pr(X = x)$ の積である。すなわち，（確率変数 X がとりうる値）× $(X = x$ になるときの確率）をそれぞれ計算し，すべての x について合計したものが，確率分布の平均値（＝母平均 μ_x）となる。連続確率分布の場合はより複雑そうにみえるが，同じく（確率変数 X がとりうる値）× $(X = x$ になるときの確率）をそれぞれ計算し，すべての範囲 $-\infty$ から $+\infty$ までを合計したものが確率分布の平均値（＝母平均 μ_x）となる。連続確率分布の場合は，確率変数 X が x である確率が $\Pr(X = x)$ ではなく $f(x) \, dx$ である。

　◎離散確率分布の分散　$\sigma_x^2 = \sum_x (x - \mu_x)^2 \Pr(X = x)$

　◎連続確率分布の分散　$\sigma_x^2 = \displaystyle\int_{-\infty}^{+\infty} (x - \mu_x)^2 f(x) \, dx$

　確率分布の分散，すなわち母分散については，上述の平均値の式から一部を変更することで計算することができる。平均値の場合は確率変数 X がとりうる値 x を代入していたところを，確率変数 X がとりうる値 x と母平均 μ_x の差の二乗，すなわち母平均からの偏差の二乗を代入すればよい。

(1) 期末試験のある問題の正答率は 0.52 であった。これから採点する 10 人の正答数の確率を考えたい。

① x の期待値と分散を求めなさい。

② 正答数が 6 以上の確率を求めなさい。

(2) ある工場の生産ラインで, 不良品の製品は 1,000 個中 2 個あることがわかっている。これから出荷する製品 4,500 個のうち, 不良品の個数を x とすると, その確率分布はポアソン分布で近似できるものとする。

① x の期待値と分散を求めなさい。

② 不良品が 1 つである確率 $\Pr(x=1)$ を求めなさい。

3節 母平均の区間推定・母分散の区間推定
― 母集団が未知の場合に平均・分散を「推測」する方法 ―

推測統計学においては，母集団が未知である場合，標本における推定量を用いて母数を推し量ることで，母集団の特徴を推測する。母平均 μ_x と母分散 σ_x^2 は，母集団の特徴を表す母数であり，確率変数ではない。一方で，標本平均 $\overline{x}$ は統計量であるため，確率変数である。標本平均 $\overline{x}$ は正規分布 $N\left(\mu_x, \dfrac{\sigma_x^2}{n}\right)$ に従い[1]，標本の大きさ n が大きいときには，標本の特徴を表す推定量は，母集団の特徴を表す母数に近づく[2]。言い換えれば，標本の大きさが十分に大きいとき，標本平均は母平均に近づくといえる。

1 母数と推定量

母数を推定するための統計量のことを**推定量**という。**推定量は確率変数である**。なぜなら，母集団から標本を無作為抽出するたびに，どのデータが抽出されるかは毎回ランダムに変わり，「偶然性を伴う事象」だからである。この推定量に実際の統計データを代入して計算した値のことを推定値という。推定値は母数を推定するための統計値である。

一方で，**母数**とは母集団の特徴を表す統計量で，母集団の平均値である母平均や，母集団の分散である母分散は母数である。母集団が未知であったとしても，母集団は固定であり，母平均や母集団には偶然性は伴わない。したがって，**母数は確率変数ではない**。

2 不偏推定量

不偏推定量（unbiased estimator）とは，「偏りのない」推定量のことを指す。推定量として望ましい性質，すなわち母数を推定する上で望ましい性質の1つ

1）中心極限定理による。
2）大数の法則による。

がこの**不偏性**（unbiasedness）である[1]。不偏性とは，推定値の期待値が母数と一致することを意味する[2]。

3　点推定と区間推定

　母数を推定する方法には，大きく分けて点推定と区間推定の2つがある。点推定とは，1つの値をもって母数を推定する方法である。区間推定とは，上限値と下限値を推定し，上限値と下限値の間の区間に母数が含まれる信頼度を示す方法である。

4　母平均の点推定量

　不偏性の特徴より，母平均 μ_x の不偏推定量 $\widehat{\mu_x}$ は，標本平均 $\bar{x}$ の期待値 $E(\bar{x})$ と一致する。標本平均 $\bar{x}$ の期待値 $E(\bar{X})$ は母平均 μ_x と一致する[3]。すなわち，母平均 μ_x の不偏推定量は母平均 μ_x である。

$$\widehat{\mu_x} = E(\bar{x}) = \bar{x} = \mu_x$$

5　母分散の点推定量

　標本分散の期待値 $E(S_x^2)$ は母分散に一致しないため[4]，標本分散 S_x^2 は母分散の不偏推定量 $\widehat{\sigma_x^2}$ にはならない。母分散の不偏推定量 $\widehat{\sigma_x^2}$ は**標本不偏分散**と呼ばれ，以下の式で定義される[5]。

$$\widehat{\sigma_x^2} = \frac{1}{n-1} \sum_{i=1}^{n} (x_i - \bar{x})^2$$

1）推定量としての望ましい性質としては他に「有効性」や「一致性」などがある。有効性（efficiency）とは，同じ不偏性を持つ推定量同士の場合は，精度の高い推定量，すなわち分散が小さい推定量が最も良い推定量であることを表す。一致性（consistency）とは，標本数が大きくなると推定量が母数へ収束することを示す。

2）数式上の表記では，母数 θ に対する推定量 $\widehat{\theta}$ が $E(\widehat{\theta}) = \theta$ となることを表す。また，一致性とは異なり，標本数とは無関係な性質である。

3）導出については Web 上の補論1を参照。

4）大数の法則により，標本平均の分散 $Var(\bar{X}) = \frac{\sigma_x^2}{n}$ となり，母分散と一致しないため。詳細は補論を参照のこと。

5）導出については Web 上の補論3を参照。

6 母平均の区間推定

　区間推定とは前述のとおり，上限値と下限値を推定し，上限値と下限値の間のある区間に母数が含まれる信頼度を示す方法である。信頼度を表す指標のことを**信頼係数**（confidence coefficient）という。また，信頼係数 $100(1-a)$ ％となる区間のことを**信頼区間**（confidence interval）といい，a の区間のことを棄却域という。例えば，母平均 μ_x に関する信頼係数95％の信頼区間のことを，母平均の95％信頼区間といい，この場合の a は5％（0.05）である。棄却域は両端の合計が5％となるように2.5％ずつ設定する。図1において，白抜きの中心付近95％の面積が信頼区間，両端の斜線部分の面積が棄却域でそれぞれ2.5％ずつである。

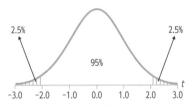

図1. 信頼区間と棄却域（自由度10の t 分布の例）

　母平均の95％信頼区間とは，ランダムな標本抽出を100回繰り返し行って，信頼区間をその都度計算したときに，区間内に母平均 μ_x を含むものは，<u>平均的に</u>100回中95回になるような区間のことで，95回は必ず母平均を含むという意味ではないことに注意したい。

　母平均の信頼区間は以下の式で定義される。カンマより左が下限値，右が上限値を表している[1]。

$$\left[\bar{x} - t_a(n-1)\sqrt{\frac{\widehat{\sigma_x^2}}{n}},\ \ \bar{x} + t_a(n-1)\sqrt{\frac{\widehat{\sigma_x^2}}{n}}\right]$$

　定義式中の $\bar{x}$ は標本平均である。また，$t_a(n-1)$ は，自由度 $v=n-1$，上側確率 a の t 分布におけるパーセント点，$\widehat{\sigma_x^2}$ は標本不偏分散，n は標本数である。よって，定義式を日本語で書き下すと以下のようになる。

---

1) 導出については Web 上の補論4を参照。

$$\left[\text{標本平均} - t\text{パーセント点} \sqrt{\frac{\text{標本不偏分散}}{\text{標本数}}}, \ \text{標本平均} \right.$$

$$\left. + t\text{パーセント点} \sqrt{\frac{\text{標本不偏分散}}{\text{標本数}}} \right]$$

例として, 95%信頼区間の計算例を以下に示す。

A クラスの統計学受講者は 30 名である。この 30 名の試験得点から, 学年全体の平均得点の 95%信頼区間を推定したい。なお, A クラスの平均点は 72 点, 分散は 58 であった。

手順1) まず, 文中からわかる統計量を整理する。標本は A クラスの受講者, 母集団は学年全体である。標本数 $n = 30$, 標本平均 $\bar{x} = 72$, 標本分散 $S_x^2 = 58$ である。

手順2) 明らかになっている統計量から, 標本不偏分散 $\widehat{\sigma_x^2}$ を求める。標本数 $n = 30$, 標本分散 $S_x^2 = 58$ であることから, $S_x^2 = \frac{1}{30} \sum (x_i - \bar{x})^2 = 58$ より, $\sum (x_i - \bar{x})^2 = 30 \times 58 = 1740$ であることがわかる[1] ので, 標本不偏分散は

$$\widehat{\sigma_x^2} = \frac{1}{n-1} \sum (x_i - \bar{x})^2 = \frac{1}{30-1} \times 1740 = 60$$

となる。

手順3) 次に t 分布表からパーセント点 $t_a(n-1)$ を求める。自由度 $n-1 = 29$, 上側確率 $a = \frac{1}{2}(1 - 0.95) = 0.025$ の t 分布パーセント点は, 統計表より $t_{0.025}(29) = 2.0452$ である。

手順4) 標本数, 手順 2 で求めた標本不偏分散, 手順 3 で求めたパーセント点を代入する。

$$t_a(n-1) \sqrt{\frac{\widehat{\sigma_x^2}}{n}} = 2.0452 \times \sqrt{\frac{60}{30}} = 2.0452 \times 1.4142 = 2.8923$$

手順5) 標本平均 $\bar{x} = 72$ を代入して, 上限値と下限値を計算する。

---

1) 以下の標本不偏分散と標本分散の変換式を利用してもよい。

$$\widehat{\sigma_x^2} = \frac{1}{n-1} \sum (x_i - \bar{x})^2 = \frac{1}{n-1} \times \frac{n}{n} \times \sum (x_i - \bar{x})^2 = \frac{n}{n-1} \times \frac{1}{n} \times \sum (x_i - \bar{x})^2 = \frac{n}{n-1} S_x^2$$

$$\text{下限値}: \bar{x} - t_a(n-1)\sqrt{\frac{\widehat{\sigma_x^2}}{n}} = 72 - 2.8923 = 69.1077$$

$$\text{上限値}: \bar{x} + t_a(n-1)\sqrt{\frac{\widehat{\sigma_x^2}}{n}} = 72 + 2.8923 = 74.8923$$

よって，求める母集団の平均値の95%信頼区間は（69.11，74.89）である。

7 母分散の区間推定 ●●●●●●●●●●●●●●●●●●●●●●●●●●●●●●

母平均 μ_x の区間推定には t 分布を用いたが，母分散 σ_x^2 の区間推定にはカイ二乗分布を用いる。カイ二乗分布に従う統計量は2章2節で前述したように，以下の通りである。

$$U_0 = \frac{\sum_{i=1}^{n}(x_i - \mu_x)^2}{\sigma_x^2} = \frac{\sum_{i=1}^{n}(x_i - \bar{x})^2}{\sigma_x^2} + \frac{n(\bar{x} - \mu_x)^2}{\sigma_x^2}$$

このうち，右辺第1項は未知である母平均 μ_x を含まないため，これを利用する。右辺第1項は自由度 $(n-1)$ のカイ二乗分布に従う。すなわち，

$$U = \frac{\sum_{i=1}^{n}(x_i - \bar{x})^2}{\sigma_x^2} \sim \chi^2(n-1)$$

である。

カイ二乗分布は左右非対称の確率分布である。そのため，分布の両側でそれぞれ棄却域 a を考える必要がある。図2は自由度5のカイ二乗分布の例である。両端の斜線部に対応する値がそれぞれ，下側2.5%点（左側，$\chi_{0.975}^2(5)$）と上側2.5%点（右側，$\chi_{0.025}^2(5)$）である。カイ二乗分布のパーセント点を求める際は，カイ二乗分布表を用いればよい。

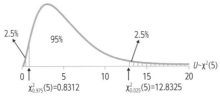

図2. カイ二乗分布における95%信頼区間

母分散の95%信頼区間は以下の式で定義される[1]。カンマより左が下限値，

1）導出については Web 上の補論5を参照。

右が上限値を表している。

$$\left[\frac{\sum(x_i - \overline{x})^2}{\chi^2_{0.025}(n-1)}, \quad \frac{\sum(x_i - \overline{x})^2}{\chi^2_{0.975}(n-1)} \right]$$

$$= \left[\frac{標本平均からの偏差二乗和}{カイ二乗分布の\,2.5\%点}, \quad \frac{標本平均からの偏差二乗和}{カイ二乗分布の\,97.5\%点} \right]$$

(1) ある年の統計学の試験では，平均点が 62 点，標準偏差は 12 であった。試験の点数は，正規分布に従う確率変数（x）であるとする。ただし点数についてはすべて整数値とする。

① 80 点以上の学生は何パーセントか。

② 点数の低いほうから 10% までを D 評価とすると，単位取得（C 単位以上）となる最低点は何点か。

(2) あるコンビニ 10 店舗の売上高 x_i は以下の表の通りである。

単位：万円

id	1	2	3	4	5	6	7	8	9	10
x_i	82	92	64	75	86	93	88	72	71	87

① 標本不偏分散 $\widehat{\sigma_x^2}$ を求めよ。

② 標本平均は正規分布に従い，標本分散の値は母分散 σ_x^2 に対する推定値と考えるとき，母平均の 95% 信頼区間の下限値と上限値を求めよ。

4
節

統計的仮説検定
── 標本データで「エビデンス」を示す方法 ──

　一般的には，母集団からすべてのデータを集めるのは難しいので，全体の一部のデータである標本データから，母集団の特性値（比率，平均値や分散など）の統計的推測を行う。標本データは標本誤差があるので，その結果は母集団の特性値と異なる可能性がある。そこで確率を使った推測が必要になる。推測について大きく分けると，統計的推定と統計的仮説検定という2種類がある。この2つは目的が異なる。推定が「母集団の比率や平均値がどれくらいか」などの「量」を計算することを目的にするのに対して，仮説検定は「2つの母集団の平均には差がある」などの「判断」を行うことを目的とする。

　例えば，新薬によってある症状が改善することを示したい場合は，その症状を持った人々を「新薬を投与したグループ」と「（何も効果がない）偽薬を投与したグループ」に分けて，統計的な仮説検定で効果を立証する必要がある。仮説検定は主張に対して，エビデンスを示す強力な道具である。その点において，現在の統計学の繁栄は，この仮説検定があるからといっても過言ではない。医学，教育学，経済学，社会学，そしてビジネスでも品質管理，金融，マーケティングなどのありとあらゆる分野で汎用的に仮説検定が利用されている。

1　仮説検定の手順

　仮説検定は統計学でよく使われる手法である一方，考え方が独特の部分がある。その手順を説明していくが，ここでは例として100回のコイン投げを考える。通常表と裏が出る確率は0.5である。そして100回コインを投げたら表が出た回数は35回であった。もし本当に表が出る確率が50%（0.5）だったら，直感的には50回にもっと近いはずである。そこで前に説明をした二項分布を使って表の出る回数が35回以下の計算をしてみると，約0.18%である[1]。表の出る本当の確率を50%と考えると相当に低い確率になり，そのことは疑わしいと考えられる。よって，もしかするとコインが歪んでいる可能性があるか

---

1) $P(X \leq 35) = \sum_{x=0}^{35} {}_{100}C_i \times 0.5^x \times (1-0.5)^{(100-x)} = 0.0018$

もしれない。このように，仮説検定では，標本データにおいて，ある値を仮定した場合に，得られるデータが出現する確率は低いと，その仮定した値は間違っていると判断をしていく。次からこれらの手順について説明をしていく。まずは手順についての理解を目的として，数値例の具体的な計算方法については省略をすることにする。

① 検定方式の決定

　仮説検定では，入手するデータの形状によって方式が変わってくる。初等的な統計学で代表的なものとしては，二項分布を想定するものと，山形の連続型の確率変数で正規分布を想定するものがある[1]。またどのような母集団の特性値を扱うか，どのように検証や比較を行うかでも変わってくる。先ほどのコインの例は，表の出る本当の確率（母比率）が 0.5 ということを仮説とした。他にもバリエーションがあり，例として 2 つのグループの母比率が同じではないことや，3 つ以上の母平均が同じではないことなどの方式がある。これらはデータによって立証したいことに応じて変化する。母比率と母平均について初等的に使われるものをまとめておく（表 1）。この表中の「帰無仮説」，「棄却域」や「検定統計量」などの用語については，この後で詳しく説明をする。

　表 1 の表側に示したように，比較の方法については，まず分析で注目する「値 a と比較」するという方法がある。先ほどの例の，母比率が 0.5 であることはこれに該当する。「2 群との比較」とは，2 つのグループ（群）があり，グループ間の母比率や母平均を比べることを想定している。この 2 群の比較は，統計的検定の多くの応用場面で出てくる。「3 群以上の比較」は，3 グループ，4 グループ…のようにグループ間の母比率や母平均を比較する際に用いられる。

② 帰無仮説と対立仮説の設定

　仮説検定では，**帰無仮説**（null hypothesis；H_0 で表す）と，**対立仮説**（alternative hypothesis；H_1 で表す）という 2 種類の仮説を利用する。仮説検定では，帰無仮説を否定して対立仮説を採用するというロジックを利用する。ここで否定したい仮説を「無に帰したい」という意味で帰無仮説という。一方，

---

1) 確率変数で山形の連続型分布の近似ができない場合は，ノンパラメトリック検定と呼ばれる手法を用いる。

表1. 様々な仮説検定の方式

		二項分布の母比率 π	正規分布の母平均 μ （母分散は未知）
値 a との 比較 （1群）	仮説検定の名称	母比率の検定	母平均の検定 （1群の t 検定）
	帰無仮説（両側検定）	$H_0 : \pi = a$	$H_0 : \mu = a$
	棄却域と検定統計量を 計算する際に使う分布	二項分布， 正規分布・カイ二乗分布	t 分布
2群の 比較	仮説検定の名称	母比率の差の検定	平均値の差の検定 （2群の t 検定）
	帰無仮説（両側検定）	$H_0 : \pi_1 = \pi_2$ $(H_0 : \pi_2 - \pi_1 = 0)$	$H_0 : \mu_1 = \mu_2$ $(H_0 : \mu_2 - \mu_1 = 0)$
	棄却域と検定統計量を 計算する際に使う分布	正規分布・カイ二乗分布	t 分布
3群以上の 比較 （m 群の比較）	仮説検定の名称	カイ二乗検定	分散分析（ANOVA）
	帰無仮説（両側検定）	$H_0 : \pi_1 = \pi_2 = \cdots = \pi_m$	$H_0 : \mu_1 = \mu_2 = \cdots = \mu_m$
	棄却域と検定統計量を 計算する際に使う分布	カイ二乗分布	F 分布

それに「対抗する」仮説を対立仮説といい，こちらを一般的には分析者が立証したい仮説のほうに設定する。

　先ほどのコイン投げの例の場合は，帰無仮説が「コインの表の出る本当の確率が 0.5」，対立仮説が「0.5 ではない」となる。コインの表の出る本当の確率を π（パイ）として，そのことを数式で表すと次のようになる。

$$H_0 : \pi = 0.5, \quad H_1 : \pi \neq 0.5$$

　この場合の検定の設定を**両側検定**（two-sided test）という。図1の上部のように，対立仮説が帰無仮説の両側であることを立証したいという意味で両側と呼んでいる。

　一方，図1の下部のようにコインの表側が出る確率が 0.5 未満であることを立証したい場合は，仮説検定としては，0.5 以上であると仮定してめったにな

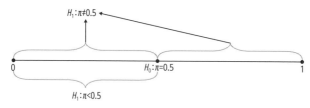

図1. 両側検定と片側検定

いことを確率で示して 0.5 未満であることを立証する。その場合の帰無仮説と対立仮説は次のようになる。

$$H_0 : \pi \geq 0.5, \ H_1 : \pi < 0.5$$

このような形式の検定を**片側検定**（one-sided test）という。これらの使い分けは検定の目的によるが，一般的には両側検定が多く利用される。以下では両側検定で説明を行う。

③ 有意水準の設定

帰無仮説を仮定した際に確率が非常に低い場合に帰無仮説を棄却して，対立仮説を支持すると述べたが，それではどれくらいの確率なら帰無仮説を棄却できるのであろうか。その程度に客観的な根拠があるわけではないが，実際によく使われるものとして，0.1（10%），0.05（5%），0.01（1%）がある。とりわけ様々な分野で 0.05 がよく使われる。このような基準を**有意水準**（significance level）という[1]。0.05 にした場合は「有意水準 5%」という呼び方をする。

④ データの収集

検定方式に応じた測定尺度でデータを収集する。ここでは，すでにコインを 100 回投げて表の出た回数が 35 回という結果が得られている。標本数は大きければ大きいほどよいが，金銭的，時間的コストとの兼合いになる。コインを投げるような実験の場合は，コストは多くかからないが，対象を人間にした場合などはコストが大きくなる。一般的に仮説検定では母集団からのランダム・サンプリングが仮定されていることが多いので，偏ったサンプルにならないような調査の設計を事前に行ってからデータを収集する。

⑤ 棄却域の計算

検定方式，帰無仮説と対立仮説，有意水準と標本数が決まれば，一般的にはある統計量に関して帰無仮説を棄却する範囲が決まる。その範囲を**棄却域**（rejection region）という。コイン投げの例では帰無仮説が $\pi = 0.5$ で両側検定，有意水準 5%，標本数を 100 とすると，二項分布から有意水準 5%の棄却域は，

1）有意水準を危険率という場合もある。

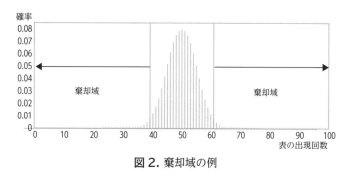

図2. 棄却域の例

39回以下，もしくは61回以上の範囲が棄却域に該当する（図2）。

棄却域と次の検定統計量については手計算をするのが難しいので，確率分布の表やコンピュータを利用することが多い。

⑥ 検定統計量の計算

取得したデータから計算した仮説検定のための統計量（**検定統計量**；test statistic）が棄却域に入るかを計算する。コインの例の場合，そのまま「35」というのがこの検定統計量に該当する。しかしながら，一般的に検定統計量の計算には複雑な計算が必要な場合が多い。ここでは二項分布を利用したが，実際には正規分布を使って計算することが多い。

また表1に示したように，データ自体の確率分布は二項分布であるのに，棄却域と検定統計量の計算には，正規分布やカイ二乗分布など異なる分布を使うことが多い。仮説検定を行う際には，「データに想定する分布」と「検定統計量の従う分布」を区別する必要があることに注意しよう。

⑦ 判断

検定統計量が棄却域に入っている場合は，帰無仮説を仮定したもとでは検定統計量の結果となることはほとんどないと判断できるため，帰無仮説を棄却して対立仮説を採用する。コインの例の場合は，検定統計量（35）が棄却域（39以下，または61回以上）に入っているので，対立仮説である「表の出る確率が0.5ではない」ということを採用する。ここでは「0.5ではない」ことだけ立証して，具体的に表の出る確率はどれくらいかは立証していない。

それではコインの例の場合，検定統計量が棄却域に入っていなかったら，す

なわち 40 ～ 60 回表が出ていたら，対立仮説ではなく，帰無仮説の「表の出る確率が 0.5 である」を採用するのであろうか。この場合は帰無仮説を採用するのではなく，対立仮説を立証できず，帰無仮説と対立仮説どちらが正しいか分からず，「表の出る確率が 0.5 ではないとはいえない」という保留の判断をする。換言すれば，仮説検定では，帰無仮説が正しいことは立証できず，対立仮説が正しいといえるかどうかについてのみ，有意水準に基づいて立証できることになる。

つまりは，仮説検定の結果は，「対立仮説が正しいといえる」，「（帰無仮説があっているかはわからないが）対立仮説が正しいとはいえない」のいずれかの二択の判断になる。

2 仮説検定の例 1：母平均の検定（1 群の t 検定）

以上の手順の説明を踏まえて，実際に検定を行ってみる。某ファストフード店のポテトの重量は 150 g と表記されていた。いつもピッタリ 150 g になることは難しいと思われるが，平均では 150 g になるはずである。しかし A 君はそうではないと感じていた。そこでデータを集めて統計的仮説検定を行ってみることにした。

① 検定方式の決定

ポテトの重量は，正規分布のように山形になると想定する。そして（標本平均ではなくて）母平均が 150 g ではないことを検証していくので，表 1 における母平均の検定（1 群の t 検定）を利用する。

② 帰無仮説と対立仮説の設定

帰無仮説を「ポテトの重量の母平均は 150 g である」，対立仮説を「ポテトの重量の母平均は 150 g ではない」とすると，次のように設定する。

$$H_0 : \mu = 150, \quad H_1 : \mu \neq 150$$

この場合は両側検定を利用している。

③ 有意水準の設定

　有意水準の設定として，ここでは一般的に利用される 0.05 を利用する。す
なわち帰無仮説を仮定したもとで，データから計算される検定統計量が 5%以
下の確率ならば帰無仮説が間違っていると判断する。

④ データの収集

　A君は，10 回ポテトを買ってその重量を測ってみた。その結果，表 2 のよ
うなデータが得られた。

表 2. ポテトの重量

| 140 | 145 | 146 | 134 | 144 |
| 156 | 140 | 140 | 139 | 140 |

　このデータの標本平均 $\bar{x} = 142.4$，不偏分散は $\hat{\sigma}^2 = 34.711$ である。確率的に
得られる標本平均は 150 g ピッタリではないが，本当の値である母平均
$\mu = 150$ とした場合に，これから計算する検定統計量を得ることがめったにな
いことなのかを検証する。

⑤ 棄却域の計算

　データが集まって標本数 n が確定したら，棄却域を計算できる。この場合
の棄却域と検定統計量の計算には，（正規分布ではなくて）2 章 2 節③で紹介
した t 分布を利用する。t 分布は正規分布に似ている山形の分布であり，**自由
度**（degree of freedom）というパラメータで形が変化する。ちなみに自由度
が大きくなると，平均パラメータ 0，分散パラメータ 1 の正規分布（標準正規
分布）に近似していく性質がある。

　この仮説検定の場合には，自由度は $n-1$ であり，このポテトの場合は
$10-1=9$ になる。この場合の棄却域は，コンピュータで計算すると，-2.262
以下または 2.262 以上の範囲になる。その棄却域を図示すると図 3 のようにな
る。

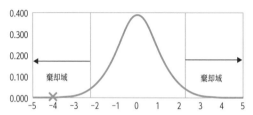

図3. 自由度9の t 分布と有意水準5%の棄却域

⑥ 検定統計量の計算

検定統計量はデータに想定する分布や検定の方式によって変化する。母平均の検定の場合，検定統計量を計算する。

$$t = \frac{\bar{x} - \mu}{\sqrt{\dfrac{\hat{\sigma}^2}{n}}}$$

この値を **t 値**（t-value）という。この検定統計量は帰無仮説の仮定のもとで t 分布に従う。先ほどのデータでは，次のような計算になる。

$$t = \frac{142.4 - 150}{\sqrt{\dfrac{34.711}{10}}} = -4.079$$

⑦ 判断

計算された t 値は，図3でプロットしたように（×印の部分）棄却域に入っている。つまり帰無仮説は棄却して，「ポテトの重量の母平均は150 g ではない」ことが立証できた。

3 仮説検定の例2：母比率の差の検定 ‥‥‥‥‥‥

ある企業の担当者が自社とライバル企業の2社について，満足度調査を行うことになった。ある製品のユーザーに対して，「製品に満足している」と「製品に満足していない」ということをアンケート調査で聞くことになった。この調査は，（多数のユーザーがいる中で）標本調査である。この結果について統計的仮説検定を行ってみることにした。

① 検定方式の決定

「製品に満足している」と「製品に満足していない」の二値について，「製品に満足している」を 1（成功），「製品に満足していない」を 0（失敗）として考えれば，これは二項分布に従うことになる。そして 2 群の（標本比率ではなくて）母比率の差が 0 ではないことを検証していくので，表 1 における母比率の差の検定を利用する。次からこの方式の検定について説明をしていく。

② 帰無仮説と対立仮説の設定

帰無仮説を「2 社の満足度の比率に差はない」，対立仮説を「2 社の満足度の比率に差がある」とする。自社の満足度の母比率を π_1，ライバル会社の満足度の母比率を π_2 として，帰無仮説と対立仮説を次のように設定する。

$$H_0 : \pi_2 - \pi_1 = 0, \ H_1 : \pi_2 - \pi_1 \neq 0$$

先ほどと同様に，ここでは両側検定を利用している。ここではライバル会社から自社の母比率を引いたが，両側検定の場合，$\pi_1 - \pi_2 = 0$ と順番を変えても問題はない。

③ 有意水準の設定

先ほどと同様に有意水準の設定として，ここでは一般的に利用される 0.05 を利用する。すなわち帰無仮説を仮定したもとで，データから計算される検定統計量が 5％の棄却域に入っているならば，「2 社の満足度の比率に差はない」という帰無仮説が間違っていると判断し，「2 社の満足度の比率に差がある」と判断する。

④ データの収集

2 社のユーザーに対して，アンケート調査を行った。自社のユーザーは 103 人（$n_1 = 103$），ライバル会社のユーザーは 98 人（$n_2 = 98$）であった。その結果を表 3 にまとめる。

表中の「全体」の部分は 2 群を合わせて計算した部分である。これは検定統計量の計算に利用する。標本比率では，自社が満足度で上回っている（$p_1 = 0.864$，$p_2 = 0.806$）。しかし，これは母比率ではないので，標本数を増やすと，もしかすると逆転をするかもしれない。そこで仮説検定を行って検証し

表3. アンケート調査の結果

	サンプル サイズ n_j	満足と回答した 人数 x_j	標本比率 p_j
1 自社	103	89	0.864
2 ライバル社	98	79	0.806
全体	201	168	0.836

ていく。

⑤ 棄却域の計算

この場合の棄却域と検定統計量の計算には，コインの例とは異なり二項分布をそのまま使うのではなく，正規分布による近似を利用する。このケースは，標本数がある程度大きい[1]と平均パラメータ0，分散パラメータ1の正規分布（標準正規分布という）で近似が可能である。この場合の棄却域は，先ほどのように自由度，すなわち標本数に依存せず計算が可能で，確率分布の表やコンピュータなどの計算より-1.96以下または1.96以上の範囲になる。その棄却域を図示すると図4のようになる。

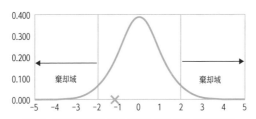

図4. 標準正規分布と有意水準5%の棄却域

⑥ 検定統計量の計算

母比率の差の検定の場合，次の検定統計量を計算する。

$$z = \frac{p_2 - p_1}{\sqrt{p(1-p)\left(\dfrac{1}{n_1} + \dfrac{1}{n_2}\right)}}$$

分子の p_1 はグループ1の標本比率（自社の満足度の標本比率 $p_1 = 0.864$），p_2

---

1) 二項分布が正規分布に近似できる標本数に明確な基準はないが，π が0や1に極端に近くない前提では，標本数50程度以上で近似ができると考えてよい。

はグループ 2 の標本比率（ライバル社の満足度の標本比率 $p_2 = 0.806$），そして分母の p は合計の標本比率で先ほどのデータだと $p = (89 + 79)/(103 + 98) = 0.836$ となる。

この値を **z 値**という。平均 0，標準偏差 1 に基準化したデータを z 得点と呼んでいたが，検定統計量でも同様の呼び方をする。この z 値は帰無仮説のもとで標準正規分布に近似的に従う。先ほどのデータの数値では，次のような計算になる。

$$z = \frac{0.806 - 0.864}{\sqrt{0.836(1 - 0.836)\left(\dfrac{1}{103} + \dfrac{1}{98}\right)}} = -1.11$$

⑦ 判断

計算された z 値は，図 4 でプロットしたように（×印の部分）棄却域に入っていない。つまり帰無仮説は棄却できず，2 社の満足度に差はあるとは立証できなかった。ここで再度注意しておくと，帰無仮説が棄却できなかったら，帰無仮説の「2 社の満足度の比率に差はない」を採用するのではなく，あくまでも差があるという対立仮説が立証できなかったというほうが正しい。

4　仮説検定と p 値 ･･････････････････････････

これまでの統計的仮説検定においては，棄却域を設定して得られた検定統計量の位置によって，帰無仮説を棄却するか，対立仮説を受容するかを決定していた。それが正しい方法であり，決して間違ったものではない。しかし，学術的・実務的にその結果を示す際には，その過程が省略される場合が多い。例えば，比率の差の検定の場合，表 4 のような形式である。

表 4. 検定結果の表示例

自社の比率	他社の比率	検定統計量	p 値
0.864（$n = 103$）	0.806（$n = 98$）	-1.109	0.267

このように 2 群の比較の場合に，帰無仮説 $\pi_2 - \pi_1 = 0$ の説明や棄却域が省略される場合がある。代わりに **p 値**（p-value）と呼ばれる値が同時に示されることが多い。p 値とは，その実質的な意味は「検定統計量より，極端な値をと

る確率」である。例えば，検定統計量が 2.2 だったとした場合の標準正規分布を使った両側検定の棄却域を絶対値で 1.96 以上（有意水準 5%）として，p 値は図 5 のようになる。

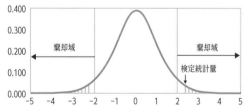

図 5. p **値の概念**（縦線部の面積が p 値に該当する）

p 値は仮説検定において非常に役に立つ。なぜなら，p 値を計算すれば棄却域を計算せずともその帰無仮説が棄却できるかがわかるからである。例えば，もし p 値が 0.123 だったら，有意水準 5% の帰無仮説 $\pi_2 - \pi_1 = 0$（両側検定）を棄却できない。もし p 値が 0.013 だったら，有意水準 5% の帰無仮説を棄却できる。このように p 値が有意水準に達しなければ棄却できることになる。p 値が表示されている場合には，有意水準に対応した棄却域を計算せずに仮説検定の判断ができる。

仮説検定において便利である一方，p 値は誤用も多いので注意が必要である。p 値の意味は「検定統計量より，極端な（外側の）値をとる確率」であるが，最も多い間違った解釈は「検定統計量が出現する確率」としてしまうことである。ちなみに検定統計量の確率分布は，正規分布や t 分布など連続型分布が使われることが多いが，連続型分布の場合，一点をとる確率は 0 であるので，検定統計量が出現する確率とは異なる。

また p 値の意味を，グループの差が 0 ではないことを示す検定の場合，「p 値が小さいと，差が大きい」と解釈して，差の大きさに結びつけてしまう場合が多い。例えば，表 5 の 2 つのケースを考える。

表 5. p **値の比較**

ケース	自社の比率	他社の比率	検定統計量	p 値
A	0.388 ($n = 98$)	0.515 ($n = 103$)	-1.805	0.071
B	0.875 ($n = 10023$)	0.887 ($n = 10045$)	-7.620	0.006

ケース A では自社の比率と他社の標本比率の差は 10％以上ある。しかし，p 値から，有意水準 5％では，「自社の比率と他社の母集団の比率の差が 0」という帰無仮説は棄却できない。一方，ケースＢは自社の比率と他社の標本比率の差は 1％程度であるが，帰無仮説は棄却される。この 2 つの大きな違いは標本数にある。標本数が大きいと標本比率の差が少しでも，帰無仮説を棄却する証拠であるデータが得られているので，p 値が小さくなっている。このように p 値（検定統計量の大きさも同様）は，あくまでも帰無仮説を棄却できるか，そうではないかを示す値に過ぎないことを理解しておこう。

(1) 仮説検定に関する次の文章で正しいものには〇，間違っているものには×
をつけよ。

1. 仮説検定の手順においては，まずは対立仮説が正しいと仮定する

2. 有意水準は，よく利用される値はあるが，基本的には分析者が自身で設
定をする

3. 検定統計量の計算方法は，仮説検定の方式によって変わってくる

4. 検定統計量が棄却域に入っていたら，帰無仮説を棄却する

5. 帰無仮説が棄却できなかった場合，帰無仮説が正しいと判断する

(2) 次のデータは12本のネジの長さのデータである（単位はcm）。ネジの長
さは正規分布に従っているとして，帰無仮説を母平均は10cmとして，有
意水準5%で母平均の両側検定をせよ。

9.80	9.80	9.96	9.24	10.36	9.93
9.88	9.53	9.72	9.45	9.52	9.73

ヒント：この場合の棄却域は，自由度11（$n-1$）の分布を利用して，-2.201
以下，もしくは2.201以上になる。

(3) 自社製品の所有率を調べるために標本調査を行った。地域Aでは170人中
45人，地域Bでは143人中56人が自社製品を所有していた。母集団の数は
標本に比べて大きいと仮定する。帰無仮説を地域Aと地域Bの所有率の差は
ない（母比率の差はない）として，有意水準5%で両側検定をせよ。

ヒント：標準正規分布による近似の棄却域の計算は，標本数に依存しないので，
棄却域は満足度調査の例と同様になる。

　初学者にとっては，仮説検定は，慣れていないと「帰無仮説を正しいと仮定して，それを否定することで対立仮説を立証する」という部分が独特であり，疑問を感じるかもしれない。しかし，この論証方法に似たものがある。それは刑事事件の裁判である。刑事事件では，起訴後に裁判官は基本的には「無罪」か「有罪」の2つのいずれかの判断を下す。これは仮説検定と同様に判断が結果である。刑事裁判は，被告人に対して当初は無罪と考える「疑わしきは罰せず」の原則がある。それから立証責任のある検察官が，有罪となり得る「証拠」を提示していく。その証拠によって事件の責任があると裁判官が判断すれば「有罪」と判断する。一方，その証拠が十分でなかったら，裁判官は「有罪ではない」＝一般的に「無罪」と判断する。よっていくら被告人の背景が疑わしくても，犯行に至った証拠（データ）がないと有罪になり得ないのである。

　実は「当初は無罪と考える」と説明したが，正確に述べると，「当初は無実と考える」というほうが正確かもしれない。無実（innocent）とは，罪を犯していない状態を示し，一方，無罪（not guilty）とは，有罪である証拠がなかったという意味である。近代法においては，被告人は有罪判決されるまでは犯罪者とは扱われない「推定無罪の原則」があるが，これを英語にすると「presumption of innocence」で，直訳すると「無実の仮定」になる。もし被告人が本当に罪を行っていても，その証拠を検察が提示できないと，無実であることを立証したのではなく，有罪であることを立証できなかった，すなわち無罪となる。

　なぜこのような流れになっているのであろうか？　もし被告人が有罪であることから出発して無実であることの立証責任を負ってしまったらどうであろうか？　常にアリバイを準備して生きていかなければならないのは常識的に難しいだろう。仮説検定では，一般的に立証したいのは対立仮説のほうであり，もし帰無仮説ではなく対立仮説が正しいことから出発してしまったら，それはエビデンスを示すという点ではおかしい手順であることがわかるだろう。

3章 分析事例

本章では，本書の最後にここまで学んできた分析手法を用いた分析事例を紹介するとともに，よくある誤りの事例についても紹介する。分析事例を学ぶことは，理論と実務を結びつけ，統計の実用性を理解する上で非常に重要である。分析事例を学ぶことにより，前処理方法の理解，適切な統計手法の選択，結果の解釈といった基本的なデータ分析スキルが養われる。また，誤った分析事例についても学ぶことで，より理解を深めてほしい。

1 節 分析事例① 記述統計とクロス集計
― 主観的幸福度と居住満足度に関する地域別分析 ―

　統計分析の力をつけるには，様々な分析についての経験を積むことが大切で，そのためには分析事例を通じて分析の進め方を理解することが必要になってくる。分析事例をお手本にして自分自身の分析を進めるわけである。本節では，実際の調査データを使った記述統計とクロス集計の分析事例を示す。

1 データ諸元の確認

　本節で使用するデータは，大東建託賃貸未来研究所が 2019 年より実施している「いい部屋ネット街の住みここちランキング」[1] の 2019 年から 2022 年までの 4 年分の個票データ [2] である。

　こうしたデータ分析を行う場合には，まずデータの諸元を確認することから始める。そしてその確認したデータの諸元は，分析結果に必ず付記しなければならない。今回用いるデータの諸元は表 1 の通りとなる。

表 1. 調査データの諸元

調査名	住みここちランキング調査
調査主体	大東建託賃貸未来研究所
調査期間および回答者数	2019 年調査 2019 年 3 月 26 日（火）〜 4 月 8 日（月）　96,409 名 2020 年調査 2020 年 3 月 17 日（火）〜 4 月 3 日（金）　178,778 名 2021 年調査 2021 年 3 月 17 日（水）〜 3 月 30 日（金）　184,632 名 2022 年調査 2022 年 3 月 8 日（火）〜 3 月 29 日（火）　186,426 名　　総計 646,245 名
調査方法	株式会社マクロミルの登録モニタに対してインターネット経由で調査票を配布・回収

　データ分析は，特定の目的や仮説があり，それを達成・検証するために必要なデータを集め，データがない場合には，実験や測定等によってデータを作り出し，そのデータを用いて分析を行う。

　本節では，データの諸元を先に説明したが，本来の流れでいけば，本節で使

---

1) ランキングの詳細は特設サイト　https://www.eheya.net/sumicoco/　を参照。
2) 個票データとは調査結果を集計した結果のデータに対応して，集計対象となった個別データという意味である。

用するデータの目的は，「日本全国の居住者の地域への評価を測定」し，「居住者の居住満足度が地域ごとにどのように異なる」のかを把握し，「居住者の居住満足度が地域ごとに異なる原因」を分析し，「地域の居住満足度を向上させるための」政策的インプリケーション[1) を得ることが目的である。そのために必要なデータを得るために設計・実施されたのが，「街の住みここちランキング調査」であり，今回用いる個票データである。

2 分析対象データの記述統計量と異常値判別 ……

　実データを扱う際に最初に行うことは，記述統計量の確認である。今回用いるデータでいえば，回答者の年齢や男女比，婚姻率，子どもがいる率，持ち家率，個人年収といった項目となる。

　記述統計量を確認する目的は以下の3つである。

① 　個別のデータに異常値が含まれていないかを確認し，異常値が含まれていれば一定の基準で異常値を除外する。

② 　データ全体に偏りがないかを確認し，偏りが大きいと判断される場合には補正方法を検討する。

③ 　データ全体の傾向を把握し，今後の分析の方向性を決定する際の参考とする。

　主な項目の記述統計量は表2のようになる。

表2. 分析対象データに関する記述統計量

	サンプルサイズ	平均	標準偏差	最小	最大	備考
年齢	646,502	44.9	13.7	20	121	
個人年収	565,714	313.3	346.1	0	9999	
女性比率	646,502	53.1%	—	0	1	女性＝1
既婚率	646,502	63.0%	—	0	1	既婚＝1
子どもあり率	646,502	52.5%	—	0	1	子どもあり＝1
持ち家率	646,502	49.2%	—	0	1	持ち家＝1
大卒率	646,502	42.7%	—	0	1	大卒＝1

---

1) 政策的インプリケーションとは，政策立案に役に立つ含意という意味。

記述統計量の各数値をみると，年齢の最大が 121 と異常値が含まれていることがわかる。また，個人年収も最大が 9999 万円と，一定の条件で上限を超える異常値がカットされていると推測されるが，標準偏差が 346 万円と比較的大きくなっていることから，年収については一定額以上のデータを分析対象から除外することも検討する必要がありそうだ，ということがわかる。

　なお，男女比・既婚率・子どもあり率・持ち家率・大卒率については，それぞれダミー変数と呼ばれる，本来は量的データではない，男性・女性といった定性的データを，女性の場合を 1，男性の場合を 0 というように数値に置き換えたもの（だから本物の代わりとなる変数ということでダミー変数と呼ばれる）を集計している。

　ダミー変数の場合には，平均値はダミー変数 = 1 の比率となり（性別であれば女性 = 1 のダミー変数なので女性比率が 53.1 %），0 または 1 の 2 値のデータでは標準偏差には意味がないため，標準偏差の欄には「—」を表示している。

　異常値の判定条件には以下のようないくつかの考え方がある。

①　平均に標準偏差の 2 倍または 3 倍を加算・減算した範囲を外れるもの

②　25 パーセンタイル（第 1 四分位値）− IQR（四分位範囲）×1.5 および 75 パーセンタイル（第 3 四分位値）+ IQR（四分位範囲）×1.5　の範囲を外れるもの

③　分析の目的に応じて，分析者の判断で決めるもの。今回でいえば，年齢の上限を 75 歳にする，といったこと

　また，欠損値についても欠損値を除外して分析するか，欠損値を含めて分析するかについても注意が必要である。そして，欠損値を含めて分析する場合には，平均を算出するときに欠損値がゼロとして扱われていないか，多変量解析では，欠損値を考慮した分析になっているか，欠損値が除外された分析になっているか，といった点に注意する必要がある。

　サンプルサイズ（標本数）[1] が十分ではない場合には，欠損値が含まれるデータを除外すると分析対象となるサンプルサイズが十分に確保できない可能性が

---

1) サンプルサイズは標本数とも呼ばれ，分析対象としているデータの集合体に含まれるデータの個数のことである。同じような表現のサンプル数は，分析対象としているデータの集合体の数である。サンプルサイズという用語を使用すべきところでサンプル数を使用する誤用が多くみられるため，注意が必要である。

あるが，サンプルサイズが十分な場合には，欠損値が含まれるデータを除外したほうが間違いが少ない。

　今回の場合は，分析対象とするデータを，年齢は75歳以下，年収を平均＋3標準偏差（1352万円）以上および欠損値を除外として，記述統計量を再計算すると表3のようになる。

表3. 再計算された分析対象データに関する記述統計量

	サンプルサイズ	平均	標準偏差	最小	最大	備考
年齢	553,224	44.6	13.2	20	75	75歳以上をカット
個人年収	553,224	294.9	269.8	0	1350	1353万円以上と欠損値をカット
女性比率	553,224	52.9%	—	0	1	女性＝1
既婚率	553,224	63.5%	—	0	1	既婚＝1
子どもあり率	553,224	53.0%	—	0	1	子どもあり＝1
持ち家率	553,224	48.9%	—	0	1	持ち家＝1
大卒率	553,224	43.3%	—	0	1	大卒＝1

　最初の記述統計量を比較すると，サンプルサイズが646,502から553,224に減少しているが，サンプルサイズとしては問題なく，除外されたデータ個数は，93,278だということがわかる。

　年齢の平均，標準偏差はあまり変化していないが，個人年収については，平均が313万円から294万円に下がり，標準偏差も346万円が269万円に小さくなっている。

　ほとんどの分析では，このように最初に把握した記述統計量を元にデータ分析の対象を定義することになり，最低でも記述統計量は2回確認することになる。さらに本来なら，年収や年齢等については，ヒストグラムや箱ひげ図等で極端な分布になっていないか，正規分布を前提とした平均と標準偏差を適用して問題ないかも確認しておく必要がある。

③　分析目的となる変数の記述統計量 ・・・・・・・・・・・・

　記述統計量は，分析対象としたデータの内容を把握するためものと，分析の目的となる項目に関するものに分けられる。今回の場合は，個々人の主観的幸福度と居住地に対する居住満足度の分析を行うため，この2項目についての記

表4. 主観的幸福度と居住満足度に関する記述統計量

	サンプルサイズ	平均	標準偏差	最小	最大	備考
主観的幸福度	553,224	6.59	2.09	1	10	1 から 10 の 10 段階
居住満足度	553,224	0.58	0.88	−2	2	−2 −1 0 1 2 の 5 段階

述統計量を把握する。記述統計量は表4の通りである。

　サンプルサイズは553,224となっており，年齢等の記述統計量と一致している。これはすでに75歳以下，年収1352万以下にデータの範囲が特定されているためである。今回は，主観的幸福度，居住満足度ともに異常値はないと判断できるため，異常値処理を行う必要はない。

　ここまでが最も基本的な分析である記述統計量の把握である。

　ここから様々な記述統計分析を行うことができるが，ここでは主観的幸福度と居住満足度の都道府県別分布を集計して，それを解釈してみることとする。

4 都道府県ごとの主観的幸福度と居住満足度のクロス集計

　表5は，都道府県別の回答者数，主観的幸福度の平均と標準偏差，居住満足度の平均と標準偏差を表にして，さらに都道府県ごとの数値の違いをみるために，平均と標準偏差を計算し，平均＋1標準偏差のセルを背景濃青・白文字，平均−1標準偏差のセルを背景薄青として，Excelのデータバーを表示し，視覚的にも数値の差を把握しやすいようにしたものである[1]。

　このように，主観的幸福度と居住満足度を都道府県別の記述統計量とクロス集計することで，以下のような様々な解釈が可能となる。

- 主観的幸福度は居住満足度に比べて都道府県別の差が小さい。
- 一方，居住満足度は主観的幸福度に比べて都道府県別の差が大きい。
- 主観的幸福度については以下のようなことがわかる。
  - ➢ 神奈川県，愛知県，滋賀県，兵庫県，奈良県，沖縄県の幸福度が平均＋1標準偏差以上となっており全体的に高い。
  - ➢ 幸福度が平均−1標準偏差以下となっている県もある。

---

1) Excelのデータバーとは，セルに入力されている数値に対して同じセル内にグラフを表示する機能で，表5では主観的幸福度と居住満足度の数値が入力されているセルに横棒グラフを表示しており，数値を読まなくても，視覚的に数値の大小が把握しやすくなっている。

表 5. 都道府県別主観的幸福度・居住満足度及び回答者数

都道府県	回答者数	比率	主観的幸福度(1~10：10段階)		居住満足度(−2~2：5段階)	
			平均	標準偏差	平均	標準偏差
東京都	73,997	13.4%	6.66	2.07	0.76	0.82
兵庫県	25,965	4.7%	6.71	2.04	0.67	0.85
神奈川県	44,066	8.0%	6.68	2.04	0.67	0.83
福岡県	23,250	4.2%	6.64	2.09	0.67	0.85
沖縄県	5,389	1.0%	6.73	2.15	0.65	0.89
大阪府	45,111	8.2%	6.63	2.08	0.64	0.85
京都府	12,820	2.3%	6.62	2.08	0.63	0.86
愛知県	35,638	6.4%	6.67	2.06	0.62	0.83
奈良県	6,222	1.1%	6.76	2.03	0.61	0.86
埼玉県	30,208	5.5%	6.54	2.09	0.57	0.85
石川県	4,324	0.8%	6.56	2.06	0.57	0.86
広島県	12,693	2.3%	6.64	2.05	0.57	0.88
千葉県	27,486	5.0%	6.55	2.10	0.56	0.87
滋賀県	5,866	1.1%	6.77	2.00	0.56	0.88
北海道	25,581	4.6%	6.58	2.10	0.53	0.92
宮城県	10,486	1.9%	6.38	2.14	0.53	0.91
香川県	3,777	0.7%	6.57	2.09	0.52	0.88
長野県	7,946	1.4%	6.55	2.10	0.52	0.90
岡山県	7,368	1.3%	6.62	2.05	0.52	0.89
群馬県	6,991	1.3%	6.54	2.11	0.52	0.87
静岡県	13,856	2.5%	6.55	2.11	0.51	0.88
熊本県	5,796	1.0%	6.52	2.14	0.51	0.89
三重県	7,462	1.3%	6.64	2.09	0.50	0.88
栃木県	6,892	1.2%	6.48	2.13	0.50	0.89
***	2,829	0.5%	6.59	2.10	0.49	0.93
***	5,125	0.9%	6.54	2.09	0.49	0.89
***	4,077	0.7%	6.58	2.12	0.49	0.92
***	5,312	1.0%	6.63	2.11	0.46	0.92
***	3,951	0.7%	6.36	2.12	0.46	0.88
***	3,570	0.6%	6.61	2.13	0.46	0.92
***	8,585	1.6%	6.57	2.04	0.45	0.87
***	2,837	0.5%	6.49	2.09	0.45	0.93
***	2,844	0.5%	6.54	2.07	0.43	0.92
***	3,694	0.7%	6.59	2.12	0.42	0.90
***	5,171	0.9%	6.53	2.12	0.41	0.90
***	7,935	1.4%	6.37	2.11	0.41	0.91
***	4,784	0.9%	6.51	2.13	0.41	0.93
***	9,994	1.8%	6.46	2.12	0.40	0.94
***	2,233	0.4%	6.40	2.11	0.40	0.93
***	2,387	0.4%	6.33	2.18	0.38	0.94
***	2,445	0.4%	6.47	2.09	0.38	0.95
***	2,727	0.5%	6.47	2.14	0.37	0.91
***	3,881	0.7%	6.29	2.15	0.36	0.95
***	6,373	1.2%	6.22	2.18	0.33	0.95
***	4,952	0.9%	6.25	2.22	0.30	0.97
***	4,359	0.8%	6.16	2.17	0.29	1.00
***	3,536	0.6%	6.18	2.21	0.23	1.00
合計	552,791	100.0%	6.59	2.09	0.58	0.88
平均	11,762	2.1%	6.53	2.10	0.49	0.90
標準偏差	14,129	2.6%	0.14	0.05	0.11	0.04
最小	2,233	0.4%	6.16	2.00	0.23	0.82
最大	73,997	13.4%	6.77	2.22	0.76	1.00

主観的幸福度の平均と標準偏差，居住満足度の平均と標準偏差に対してそれぞれ平均＋1標準偏差以上の場合は背景濃青・白文字，平均−1標準偏差以下の場合は背景薄青・黒文字ボールド。

> ➤ ただし，なぜこのような違いが生まれているのかは，この分析からは わからない。それでも，居住満足度とは一定の関係がありそうだ。

- 居住満足度については以下のようなことがわかる。

  > ➤ 東京都，神奈川県，愛知県，京都府，大阪府，兵庫県，奈良県，福岡 県，沖縄県の居住満足度が平均＋1標準偏差以上となっており全体的 に高い。

  > ➤ 居住満足度が平均−1標準偏差以下となっている県もある。

ただし，なぜこのような違いが生まれているのかは，この分析からはわから ない。それでも，都市部のほうが居住満足度が高い傾向があるのは，やはり人 口集積による生活利便性，交通利便性といった要素が影響していそうだ。

5 回答者属性ごとの主観的幸福度のクロス集計 ‥‥

ここから先は，仮説や目的に応じて様々な分析を展開していくことになるが， ここでは次に，性別，年齢，未既婚，子どもの有無，年収による主観的幸福度 の違いをみる。

この場合，ダミー変数である，性別，未既婚，子どもの有無は，0または1 の値をとるため，そのまま集計すればよいが，年齢と年収については連続した 数値であるため，区分値を決めないとクロス集計が行えない。

そのため，ここでは，年齢については10歳刻み，年収については400万円 刻みで主観的幸福度の集計を行う。集計結果は表6の通りである。

集計結果をみると，年齢では60歳以上の幸福度が高く，40−50歳代の幸福 度が低いこと，男性よりも女性のほうが，未婚よりも既婚のほうが，子どもな しよりもありのほうが，非大卒よりも大卒のほうが，非持ち家よりも持ち家の ほうが，年収が高いほうが，幸福度が高いことがわかる。

しかし，これらはあくまでそれぞれの項目ごとの傾向を示しているだけで あって，例えば，60歳以上のほうが幸福度が高いとはいえても，年齢が高い から幸福度が高いとは必ずしもいえない。

表 6. 回答者属性ごとの主観的幸福度と回答者数

項目	区分	回答者数	比率	主観的幸福度		
				平均		標準偏差
年齢	20 歳代	81,127	14.7%		6.74	2.07
	30 歳代	129,743	23.5%		6.73	2.10
	40 歳代	139,914	25.3%		6.40	2.17
	50 歳代	120,066	21.7%		6.36	2.12
	60 歳代	64,353	11.6%		6.81	1.86
	70 歳代	18,021	3.3%		7.14	1.68
性別	男性	260,417	47.1%		6.39	2.12
	女性	292,807	52.9%		6.77	2.05
未既婚	未婚	201,745	36.5%		5.83	2.24
	既婚	351,479	63.5%		7.02	1.86
子ども	なし	259,883	47.0%		6.19	2.21
	あり	293,341	53.0%		6.94	1.91
学歴	非大卒	313,872	56.7%		6.42	2.17
	大卒	239,352	43.3%		6.82	1.95
住居	非持ち家	282,577	51.1%		6.30	2.19
	持ち家	270,647	48.9%		6.89	1.94
年収	400 万未満	370,012	66.9%		6.47	2.18
	400 – 800 万	145,347	26.3%		6.76	1.89
	800 – 1200 万	33,348	6.0%		7.12	1.73
	1200 万以上	4,517	0.8%		7.40	1.62

　ここまでの集計もクロス集計の一部だが，上記の項目のうち非既婚による幸福度の差が最も大きいため，追加的に学歴と未既婚，持ち家と未既婚，年収と未既婚についてクロス集計してみた結果を表 7 に示す。

表 7. 学歴・未既婚・持ち家・年収のクロス集計結果

項目	区分	未婚	既婚	小計	未婚	既婚
学歴	非大卒	119,683	194,189	313,872	38.1%	61.9%
	大卒	82,062	157,290	239,352	34.3%	65.7%
住居	非持ち家	145,992	136,585	282,577	51.7%	48.3%
	持ち家	55,753	214,894	270,647	20.6%	79.4%
年収	400 万未満	149,561	220,451	370,012	40.4%	59.6%
	400 – 800 万	46,041	99,306	145,347	31.7%	68.3%
	800 – 1200 万	5,522	27,826	33,348	16.6%	83.4%
	1200 万以上	621	3,896	4,517	13.7%	86.3%

表7をみると，幸福度に最も差があった未既婚に対して，大卒・非大卒の既婚率の差は小さいが，持ち家のほうが，年収が高いほうが，既婚率が高いことがわかる。しかし，持ち家については，持ち家が原因で結婚したのか，結婚したから持ち家が多いのか，といった因果関係の方向まではわからない。

　さらに，年齢や年収などを考慮した幸福度の傾向をつかむためには，変数統制[1]が可能な多変量解析，例えば重回帰分析等を行わなければ，各変数の効果を正確に解釈することはできない。

　しかし，ここまでやってきたような基本的な記述統計分析だけでも，相当な分析が可能なことは理解できるだろう[2]。

---

[1] 変数統制の詳細にはここでは触れないが，変数統制とは目的変数に対して複数の説明変数がある場合に，説明変数の効果を同程度に揃える処理で，変数統制が行われている場合には，他の変数の条件が同じだった場合に，特定の変数の効果を解釈することができる。変数統制を行っていない単純なクロス集計等では，結果の解釈を読み違うことがある（例えば年齢が上がれば幸福度が上がるようにみえるが，実はそれは貯蓄額の増加が原因であるなど）ので注意が必要である。

[2] これらの分析は基本的にはExcelで可能だが，Access等のデータベースソフト，stataやRといった統計ソフトウェア，Python等の汎用プログラム言語等を必要に応じて使用するが，それらの使い方については触れない。

2節 分析事例② 散布図と相関係数
― 街の住みここちに関する変数の関係性は？ ―

　1章6節では散布図と相関係数は2変数の関係性を分析するのに基礎的な方法と述べた。ここでは大東建託賃貸未来研究所が2019年より実施している「いい部屋ネット街の住みここちランキング」のデータを使って実際の分析例を紹介する。

　データ分析をする際には，たくさんの変数を分析するのが一般的である。たくさんの変数を1章7節で紹介したような手法で同時に分析をする際に，まずはどの変数の関係性が高いかを予測するためや，直感的に事前の仮説がどうなっているかをみるために，計算と理解が容易な2変数ずつの関係性をみることが多い。その際には，散布図と相関係数が利用されることが多い。ここでは実際のデータで解釈をしてみる。

1 散布図と相関係数による分析 ･･･････････････････

　この節でも，前節で使用したデータを使って，散布図と相関係数による分析を行う。この節では，47都道府県で集計したデータを用いて，都道府県別の傾向をみることにする。変数については「居住満足度」と，因子得点の推定値である「生活満足度」，「行政サービス」，「親しみやすさ」，「交通利便性」，「静かさ治安」，「観光自然」である。ここでは直感的に得点の大きさを理解できるようにするために，変数ごとに基準化，そして個票で偏差値を計算して都道府県別の平均値を計算している。すなわち，各都道府県に住んでいる人の各変数の偏差値の平均値になる。そのデータを表1に示す。

表1. 各都道府県のデータ（偏差値平均値）

都道府県	居住満足度	生活満足度因子得点	行政サービス因子得点	親しみやすさ因子得点	交通利便性因子得点	静かさ治安因子得点	観光自然因子得点	防災因子得点	物価家賃因子得点
東京都	52.0	53.2	51.8	52.8	53.7	49.8	48.6	50.5	49.7
神奈川県	51.1	52.0	50.2	51.1	51.7	49.6	49.6	50.3	49.3
兵庫県	50.9	51.3	50.7	50.9	51.3	51.0	51.4	50.4	50.0
福岡県	50.8	51.8	51.2	50.9	51.7	49.7	50.6	50.6	51.5
沖縄県	50.8	52.7	50.4	51.1	50.0	48.1	51.2	48.5	47.7
大阪府	50.7	51.8	50.7	50.9	52.8	47.9	47.8	48.6	50.2
京都府	50.5	51.0	50.2	50.3	50.8	50.1	51.6	51.6	48.7
愛知県	50.4	50.8	50.8	49.8	51.0	49.1	48.7	49.2	50.1
奈良県	50.2	49.1	50.0	50.2	50.1	52.5	52.1	53.6	50.2
石川県	49.9	50.7	51.0	49.3	48.7	51.5	54.0	49.8	50.9
埼玉県	49.8	49.8	49.8	50.1	50.4	49.7	46.8	51.8	50.7
千葉県	49.8	50.0	49.3	49.8	49.4	49.7	48.1	49.8	50.3
広島県	49.7	49.8	49.4	49.5	49.4	49.9	50.5	49.2	49.2
滋賀県	49.6	48.6	49.9	49.6	48.7	51.1	52.0	52.1	50.5
北海道	49.5	49.0	49.3	49.7	49.3	50.8	50.6	50.2	49.9
香川県	49.5	48.4	49.9	49.0	48.1	50.9	51.9	49.5	51.5
長野県	49.4	47.4	49.6	48.4	47.2	52.5	54.2	52.6	49.9
宮城県	49.3	49.8	49.0	49.4	49.6	50.0	49.9	49.8	49.4
岡山県	49.3	48.6	49.5	48.5	48.3	50.1	50.9	49.5	50.3
熊本県	49.3	49.2	49.4	49.2	47.6	50.1	50.7	49.6	49.8
群馬県	49.2	47.5	49.7	48.4	47.4	51.0	50.3	53.7	51.9
静岡県	49.2	48.2	48.9	48.3	48.0	49.9	51.8	47.1	49.3
栃木県	49.1	48.2	49.4	48.4	48.0	50.8	50.7	53.1	51.0
三重県	49.0	47.9	48.7	48.2	47.0	50.2	51.4	47.5	50.4
佐賀県	49.0	47.6	49.2	49.0	47.9	51.1	51.5	50.4	51.1
＊＊＊	48.9	48.3	49.5	48.4	46.5	50.2	52.1	47.9	51.1
＊＊＊	48.9	49.0	49.5	49.3	47.6	50.8	52.9	48.4	50.7
＊＊＊	48.8	48.1	48.6	49.0	46.7	50.4	51.7	48.8	49.2
＊＊＊	48.7	47.1	48.7	48.9	45.3	50.9	52.3	47.9	51.4
＊＊＊	48.6	47.3	49.6	47.5	47.3	51.4	52.3	50.0	51.2
＊＊＊	48.6	47.4	49.2	48.3	46.9	50.8	50.9	51.5	50.9

＊＊＊	48.4	45.6	50.5	47.9	46.0	52.5	53.8	50.5	50.6
＊＊＊	48.4	46.5	49.1	47.7	47.5	51.4	53.1	52.4	50.4
＊＊＊	48.3	46.3	49.2	48.0	46.9	50.9	52.6	49.6	50.7
＊＊＊	48.2	45.6	47.7	47.3	45.4	50.3	52.4	45.3	50.1
＊＊＊	48.2	45.9	49.4	48.1	44.5	52.4	53.7	49.1	51.7
＊＊＊	48.1	47.4	48.1	49.0	46.1	50.6	52.0	49.7	47.6
＊＊＊	48.0	46.8	48.2	47.8	47.1	49.7	49.2	50.3	50.6
＊＊＊	48.0	46.5	48.7	48.0	47.5	50.8	50.9	48.3	49.9
＊＊＊	48.0	46.7	47.4	48.5	44.9	49.9	51.7	44.8	47.7
＊＊＊	47.8	45.4	48.3	47.3	43.8	52.4	55.0	49.7	49.1
＊＊＊	47.8	45.5	47.5	47.0	44.9	49.5	49.6	44.8	49.6
＊＊＊	47.5	45.2	48.5	47.4	45.5	51.9	52.8	51.1	49.6
＊＊＊	47.3	46.0	47.9	47.2	46.4	50.1	50.6	50.1	48.7
＊＊＊	46.8	45.4	47.2	46.9	44.7	50.3	51.8	48.6	49.1
＊＊＊	46.8	45.4	47.2	47.2	45.8	51.3	51.7	50.7	48.8
＊＊＊	46.1	43.5	47.2	46.3	44.1	51.8	51.8	49.2	49.7

① 記述統計量

　2変数の関係性をみる前に，各変数のデータの特徴をみていこう。3つの変数について，記述統計量として平均値・中央値，標準偏差・四分位範囲と箱ひげ図をまとめたものを表2と図1に示す。注意としては，各都道府県の標本数は異なるので，47都道府県における平均値は50に一致しない。

表2. 記述統計量

	平均値	中央値	標準偏差	四分位範囲
居住満足度	49.0	49.0	1.214	1.563
生活満足度因子得点	48.2	48.1	2.229	3.275
行政サービス因子得点	49.3	49.4	1.097	1.212
親しみやすさ因子得点	48.8	48.5	1.337	1.668
交通利便性因子得点	47.9	47.5	2.327	3.139
静かさ治安因子得点	50.6	50.6	1.029	1.220
観光自然因子得点	51.3	51.6	1.674	1.609
防災因子得点	49.7	49.8	1.947	1.902
物価家賃因子得点	50.0	50.1	1.016	1.313

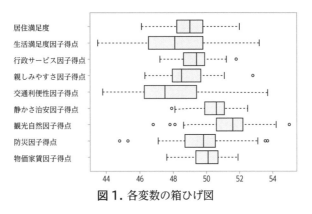

図1. 各変数の箱ひげ図

　これらから変数の相対的な特徴がわかる。「生活満足度因子得点」や「交通
利便性因子得点」が標準偏差や四分位範囲が広く,各地域で散らばりが大きい。
「居住満足度」や「静かさ治安因子得点」については,相対的に地域の差は少
ない。

② 散布図と相関係数

　それでは,これらの変数間にどのような関係があるかを散布図に図示をして,
相関係数を計算してみていく。一般的に m 個の変数がある場合にペアで関係
性をみるので, m 個から2個の組合せの個数 $_mC_2$ の散布図ができる。今回は9
変数の関係性をみるので, $_9C_2 = 36$ 個のペアが出現する。ここではその中で典
型的な例として,3つの散布図について掲載する(図2,図3,図4)。

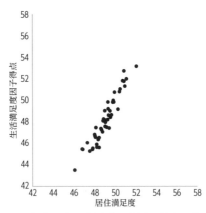

図2. 居住満足度と生活満足度因子得点の散布図

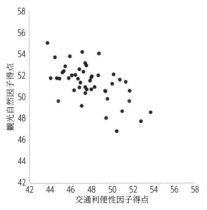

図3. 交通利便性因子得点と観光自然因子得点の散布図

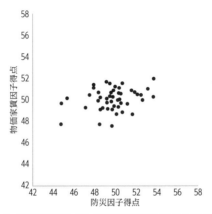

図4. 防災因子得点と物価家賃因子得点の散布図

　図2の散布図からは，居住満足度と生活満足度因子得点が右肩上がりの関係にあることがわかる。図3の散布図からは，交通利便性因子得点と観光自然因子得点が右肩下がりの関係にあることがわかる。図4の散布図においては，防災因子得点と物価家賃因子得点については右肩上がり・下がりの関係性はない。それでは，実際これらの相関係数はどれくらいの値になっているのであろうか。相関係数は3変数以上の場合，対角線を挟んで対称の行列で表すことが多い。これを**相関係数行列**という（表3）。対角線は，同じ変数どうしの相関係数であり必ず1に一致する。表側の行1番目と表頭の列2番目は，図2の居住満足度と生活満足度因子得点の相関係数で，0.949で正の関係性が大きい。

表3. 相関係数行列

	居住満足度	生活満足度因子得点	行政サービス因子得点	親しみやすさ因子得点	交通利便性因子得点	静かさ治安因子得点	観光自然因子得点	防災因子得点	物価家賃因子得点
居住満足度	1.000	0.949	0.885	0.938	0.911	− 0.408	− 0.391	0.240	0.122
生活満足度因子得点	0.949	1.000	0.807	0.946	0.925	− 0.566	− 0.481	0.168	− 0.028
行政サービス因子得点	0.885	0.807	1.000	0.797	0.805	− 0.159	− 0.191	0.399	0.358
親しみやすさ因子得点	0.938	0.946	0.797	1.000	0.897	− 0.448	− 0.450	0.209	− 0.036
交通利便性因子得点	0.911	0.925	0.805	0.897	1.000	− 0.501	− 0.585	0.326	0.048
静かさ治安因子得点	− 0.408	− 0.566	− 0.159	− 0.448	− 0.501	1.000	0.751	0.393	0.285
観光自然因子得点	− 0.391	− 0.481	− 0.191	− 0.450	− 0.585	0.751	1.000	0.000	0.025
防災因子得点	0.240	0.168	0.399	0.209	0.326	0.393	0.000	1.000	0.289
物価家賃因子得点	0.122	− 0.028	0.358	− 0.036	0.048	0.285	0.025	0.289	1.000

対角線を挟んで，表側の行2番目と表頭の列1番目は同じ値になっている。一般化すると行 i 番目と列 j 番目と行 j 番目と列 i 番目は同じ値になっている。相関係数行列を示す場合は対角線を挟んで，上か下どちらかのみを示す場合が多い。

　表3を使ってデータを解釈していく。まず居住満足度，生活満足度因子得点，行政サービス因子得点，親しみやすさ因子得点，交通利便性因子得点のいずれの相関係数も 0.7 以上で正の関係性が強い。つまりは，例えば居住満足度が高い地域は，相対的に生活満足度因子得点などが高い傾向にある。実際に東京都はこれらでは全国トップである。

　一方，静かさ治安因子得点と観光自然因子得点は，生活満足度因子得点，親しみやすさ因子得点，交通利便性因子得点と相関が −0.4 以下で負の関係性が中程度ある。すなわち，静かさ治安因子得点が高い地域は，相対的に生活満足度因子得点などが低い傾向にある。

　1章6節で説明したように，これらは相関係数の解釈であって因果関係を意味しない。例えば居住満足度と交通利便性満足度の相関係数は 0.911 であるが，居住満足度を何かしらの施策で上げたとしても，交通利便性満足度が上げられるとは限らない。あくまでも居住満足度が高い地域は交通利便性満足度が高いという状態を示しているに過ぎないことに注意しよう。

2　リサーチの方法 ･･････････････････････････････

　この章では実際のデータを使って 2 変数の関係性の分析を例示した。散布図と相関係数による分析は，また一般的に，「○○という変数と△△という変数に何かしら関係がある」と仮説が事前にあり，それを実証するための方法論として利用される。そのような事前の仮説があっているか，そうではないかを確かめる方法を**（仮説）検証的リサーチ**という。一方，事前に仮説がなく手探り的にデータをみて仮説を立てていく方法を**（仮説）探索的リサーチ**という。散布図と相関係数による分析は，どちらの方法の起点にもなる。

　検証的リサーチでは，自身が取得したデータの性質や大雑把な傾向を理解するために散布図や相関係数を計算することがある。また探索的リサーチでは，先に相関係数を計算して，相関係数の絶対値が高い変数に注目するなどの分析が行われる。様々な分析手法が提案された現在でも，散布図と相関係数による分析は基礎となるので，実際に手を動かして分析を行ってみよう。

3 分析事例③　2群の検定

　実際のデータに対して検定を行い，その計算手順と解釈の仕方を理解すること。単なる知識ではなく，自分でも仮説検定を行えるよう，スキルに昇華することを目的とする。

1 主観的幸福度に対する実際の検定例① ・・・・・・・・・・

　2章4節では，統計的仮説検定について説明した。本項では2群の検定に焦点を当て，実際のデータに対する分析例を紹介していく。データとしてはまず，3章1節でも使用された住みここちアンケート調査の主観的幸福度を扱う[1]。3章1節では，クロス集計を行うことによって60歳未満と60歳以上では，幸福度の平均値に差がありそうなことがわかった。本項では，主に2群の平均値の差に関する統計的仮説検定を行うことによって，この平均値の差が統計的に意味のあるものなのか調べる。

　2章4節表1で紹介したように，2群の差の検定には，2群の t 検定が用いられる。しかし表1上部に書かれているように，これは統計データが正規分布に従う場合に限られる。その上で，2つの群について等分散性（2つの群の分散が等しいという性質）が成り立つ場合には Student の t 検定，成り立たない場合には Welch の t 検定という手法を選択する[2]。ここでは簡単のために，今回扱う統計データについて，正規性は仮定できるものとする。

① 対立仮説と帰無仮説の設定

　では実際に，まずは等分散性が成り立つと仮定して t 検定を行っていく。統計的仮説検定を行う場合，最初に帰無仮説と対立仮説を設定する。今回の仮説

1）ただしここでは，千葉県柏市に住んでいると答えた回答者のみに限定している。
2）本来は等分散性が成り立っているか検定を行った上で，Student の t 検定か，Welch の t 検定を選択することになる。つまり，検定を繰り返し行うのである。検定を繰り返すことは「第一種の過誤」を増大させる危険性があるため，統計学ではあまり好まれない。そこで，等分散性を仮定しない Welch の t 検定を最初から行ってしまおう，という風潮が最近はあるようだ。

検定によって主張したいことは，「60 歳未満の主観的幸福度の平均値（μ_1）と 60 歳以上の主観的幸福度の平均値（μ_2）は異なる」ということである。統計的仮説検定では，主張したい内容を帰無仮説に設定するため，帰無仮説と対立仮説はそれぞれ

$$帰無仮説：\mu_1 = \mu_2$$
$$対立仮説：\mu_1 \neq \mu_2$$

となる。

② 危険率の設定

今回は危険率を 5%，つまり有意水準 5% として仮説検定を行っていく。

③ 検定統計量と棄却域の計算

Student の t 検定では，1 群目の標本平均を $\overline{x_1}$，標本数を n_1，不偏分散を s_1^2，2 群目の標本平均を $\overline{x_2}$，標本数を n_2，不偏分散を s_2^2 とすると，計算すべき検定統計量は

$$t = \frac{\overline{x_1} - \overline{x_2}}{\sqrt{s^2\left(\dfrac{1}{n_1} + \dfrac{1}{n_2}\right)}}$$

$$s^2 = \frac{(n_1 - 1)s_1^2 + (n_2 - 1)s_2^2}{n_1 + n_2 - 2}$$

である。いま，与えられたデータについて記述統計量を計算すると

統計量	1 群目（60 歳未満）	2 群目（60 歳以上）
標本数	$n_1 = 1631$	$n_2 = 364$
標本平均	$\overline{x_1} = 6.55$	$\overline{x_2} = 7.16$
不偏分散	$s_1^2 = 4.41$	$s_1^2 = 2.59$

であるから，

$$s_2 = \frac{(1631 - 1) \times 4.41 + (364 - 1) \times 2.59}{1631 - 364 - 2} \simeq 4.08$$

より，求めるべき検定統計量は

$$t = \frac{6.55 - 7.16}{4.08 \times \left(\dfrac{1}{1631} + \dfrac{1}{364}\right)} \simeq -5.18$$

となる。

次に棄却域であるが，求めた検定統計量 t は，帰無仮説が真という条件のもとで自由度 $n = n_1 + n_2 - 2$ の t 分布に従う。いま，危険率を 5% に設定しているため，求めるべき棄却域は

$$t < t_{0.025}(1631 + 364 - 2), \quad t_{0.025}(1631 + 364 - 2) < t$$

である。t 分布表より $t_{0.025}(\infty)$ の値は 1.96 であるから，得られた棄却域は

$$t < -1.96, \quad 1.96 < t$$

となる。

④ 検定結果の解釈

計算した検定統計量は $t = -5.18$ であり，棄却域は $t < -1.96$，$1.96 < t$ であることから，検定統計量は棄却域に含まれることがわかる。つまり，帰無仮説は有意水準 5% で棄却され，対立仮説が採択される。よって，60 歳未満の主観的幸福度の平均値と 60 歳以上の主観的幸福度の平均値には有意に差があるといえる。

⑤ 統計ソフトウェアによる検定結果の出力

ここまでは検定統計量を手計算することで仮説検定を行ってきたが，実際の研究やビジネスシーンでは R や Python などのプログラミング言語，もしくは，Stata や SPSS などのソフトウェアを活用することが一般的である。また，今回のような基本的な仮説検定であれば，Excel のアドインにあるデータ分析からも行うことができる。

実際に今回のデータに対して，アドインのデータ分析中に含まれている「t 検定：等分散を仮定した 2 標本による検定」を実行すると表 1 のような結果が出力される。

表中の t が今回計算した検定統計量であり，得られたものと一致していることがわかる。また，t 境界値両側というのが，棄却域の際に求めた $t_{0.025}(1631 + 364 - 2)$ の値に対応しており，こちらも求めたものと一致している。以上のこ

表 1. Excel による検定結果の出力 [1]

	60 歳未満	60 歳以上
平均	6.55303495	7.15934066
分散	4.40807514	2.58611086
観測数	1631	364
プールされた分散	4.07622715	
仮説平均との差異	0	
自由度	1993	
t	− 5.1804644	
P(T< =t)片側	1.2183E-07	
t 境界値片側	1.64561855	
P(T< =t)両側	2.4367E-07	
t 境界値両側	1.961155	

とから，今回行った仮説検定は Excel で得られた結果と等しいことがわかる。

　Excel を含め，R などのプログラミング言語を用いて計算した場合や Stata などの分析ソフトを用いた場合，これらとは別に 2 章 4 節でも説明のあった p 値という統計量が計算されることも多い。棄却域ではなく p 値のみが出力されることもあるため，p 値の意味と解釈を理解しておくことは非常に重要である。p 値の意味と解釈については 2 章 4 節を参照されたい。

2 　主観的幸福度に対する実際の検定例② ‥‥‥‥‥

　先ほどの例では，60 歳未満と 60 歳以上の 2 群で検定を行ったが，次は性別によって主観的幸福度の平均値に差があるのか，仮説検定を行う。男女別に主観的幸福度の平均値を計算してみると，男性が 6.45，女性が 6.85 と女性のほうが高い。そこで，女性のほうが男性よりも主観的幸福度の平均値が有意に高いかどうか，仮説検定を行う。

　用いる検定の手法であるが，今度は等分散性を仮定できないものとして Welch の t 検定を行ってみる。

---

1) 表中の観測数は標本数を意味している。

① 帰無仮説と対立仮説の設定

いま，1群目を男性，2群目を女性とする。今回の仮説検定で主張したい内容としては，前述したように「男性の主観的幸福度の平均値（μ_1）よりも，女性の主観的幸福度の平均値（μ_2）のほうが高い」ということである。そのため，帰無仮説と対立仮説はそれぞれ

$$\text{帰無仮説：} \mu_1 = \mu_2$$
$$\text{対立仮説：} \mu_1 < \mu_2$$

と設定する。3章1節1項では，対立仮説を $\mu_1 \neq \mu_2$ と設定した。このような対立仮説のもとで行う仮説検定を両側検定というのに対して，今回のように設定した対立仮説のもとで行う仮説検定を片側検定と呼ぶのであった（2章4節参照）。

② 危険率の設定

今回は危険率を1%，つまり有意水準1%として仮説検定を行っていく。

③ 検定統計量と棄却域の計算

Welch の t 検定では，1群目の標本平均を $\overline{x_1}$，標本数を n_1，不偏分散を s_1^2，2群目の標本平均を $\overline{x_2}$，標本数を n_2，不偏分散を s_2^2 とすると，計算すべき検定統計量は

$$t = \frac{\overline{x_1} - \overline{x_2}}{\sqrt{\dfrac{s_1^2}{n_1} + \dfrac{s_2^2}{n_2}}}$$

である。いま，

統計量	1群目（男性）	2群目（女性）
標本数	$n_1 = 953$	$n_2 = 1042$
標本平均	$\overline{x_1} = 6.45$	$\overline{x_2} = 6.85$
不偏分散	$s_1^2 = 4.24$	$s_1^2 = 3.96$

であるから，求めるべき検定統計量は

$$t = \frac{6.45 - 6.85}{\sqrt{\dfrac{4.24}{953} + \dfrac{3.96}{1042}}} \simeq -4.30$$

となる。

　続いて棄却域であるが，帰無仮説が真という条件のもとで，先ほど計算した検定統計量 t は自由度 v の t 分布に従うことが知られている。Welch の t 検定の場合，自由度 v は次の近似式によって計算され，今回の場合は

$$v \simeq \frac{\left(\dfrac{s_1{}^2}{n_1} + \dfrac{s_2{}^2}{n_2}\right)^2}{\dfrac{s_1{}^4}{n_1{}^2(n_1-1)} + \dfrac{s_2{}^4}{n_2{}^2(n_2-1)}} = \frac{\left(\dfrac{4.24^2}{953} + \dfrac{3.96^2}{1042}\right)^2}{\dfrac{4.24^4}{9.53^2(953-1)} + \dfrac{3.96^4}{1042^2(1042-1)}} \simeq 1944$$

より，$v \simeq 1944$ となる。また，危険率 $a = 0.01$ より求める棄却域は t 分布表より

$$t < -t_{0.01}(1944) = -2.33$$

となる。

④ 検定結果の解釈

　計算した検定統計量は $t = -4.30$ であり，棄却域は $t < -2.33$ であることから，検定統計量は棄却域に含まれることがわかる。つまり，帰無仮説は有意水準 1% で棄却され，対立仮説が採択される。よって，男性の主観的幸福度の平均値よりも女性の主観的幸福度の平均値のほうが有意に高いといえる。

　また，Excel で計算した検定結果が表 2 である。

③　主観的幸福度に対する実際の検定例③ ·········

　ここまで，年齢と性別について仮説検定を行ってきたが，最後に住んでいる街によって主観的幸福度に違いがあるのかをみてみる。いま，最寄駅が柏駅と答えた回答者と南柏駅と答えた回答者でそれぞれ主観的幸福度の平均値を計算してみると，柏駅では 6.60，南柏駅では 6.71 であった。それでは，この 2 つの街に住んでいる回答者の幸福度の平均値には統計的に有意な差があるのであろうか。

　今回も先ほどと同じように Welch の t 検定を行っていく。

表 2.Excel による検定結果の出力 [1]

	変数 1	変数 2
平均	6.45960126	6.85028791
分散	4.24232631	3.95643123
観測数	953	1042
仮説平均との差異	0	
自由度	1963	
t	-4.3017074	
P(T<=t)片側	8.8905E-06	
t 境界値片側	2.32824904	
P(T<=t)両側	1.7781E-05	
t 境界値両側	2.57833621	

① 帰無仮説と対立仮説の設定

いま，1 群目を千葉県の柏駅，2 群目を千葉県の南柏駅とする。今回の仮説検定で主張したい内容としては，「柏駅周辺に住んでいる人の主観的幸福度の平均値（μ_1）と，南柏駅周辺に住んでいる人の主観的幸福度の平均値（μ_2）は異なる」ということである。そのため，帰無仮説と対立仮説はそれぞれ

$$帰無仮説：\mu_1 = \mu_2$$
$$対立仮説：\mu_1 \neq \mu_2$$

とする。

② 危険率の設定

今回は危険率を 5%，つまり有意水準 5% として仮説検定を行っていく。

③ 検定統計量と棄却域の計算

先ほど同様，計算すべき検定統計量は

$$t = \frac{\overline{x_1} - \overline{x_2}}{\sqrt{\dfrac{s_1^2}{n_1} + \dfrac{s_2^2}{n_2}}}$$

---

1) 表中の観測数は標本数を表している。

である。いま,

統計量	1群目（柏駅）	2群目（南柏駅）
標本数	$n_1 = 739$	$n_2 = 242$
標本平均	$\bar{x}_1 = 6.60$	$\bar{x}_2 = 6.72$
不偏分散	$s_1^2 = 4.32$	$s_1^2 = 4.15$

であるから，求めるべき検定統計量は

$$t = \frac{6.60 - 6.72}{\sqrt{\dfrac{4.32}{739} + \dfrac{4.15}{242}}} \simeq -0.76$$

となる。

続いて棄却域であるが，まず自由度は

$$v \simeq \frac{\left(\dfrac{s_1^2}{n_1} + \dfrac{s_2^2}{n_2}\right)^2}{\dfrac{s_1^4}{n_1^2(n_1-1)} + \dfrac{s_2^4}{n_2^2(n_2-1)}} = \frac{\left(\dfrac{4.32^2}{739} + \dfrac{4.15^2}{242}\right)^2}{\dfrac{4.32^4}{739^2(739-1)} + \dfrac{4.15^4}{242^2(242-1)}} \simeq 425$$

より，$v \simeq 425$ となる。また，危険率 $a = 0.05$ より求める棄却域は t 分布表より

$$t < -t_{0.025}(425) = -1.97, \quad t_{0.025}(425) = 1.97 < t$$

となる。

④ 検定結果の解釈

得られた検定統計量は $t = -0.76$ であり，棄却域は $t < -1.97$，$1.97 < t$ より，棄却域には含まれない。よって，帰無仮説は棄却されず，柏駅に住んでいる人と南柏駅に住んでいる人の主観的幸福度の平均値に有意な差があるとはいえないことがわかった。

このように，統計的仮説検定では検定統計量と棄却域を計算するパターンさえわかってしまえば，そう難しいことではない。そこで，最後に1群と2群の場合について，平均値の差の検定で計算するべき検定統計量と棄却域を表にまとめておく（表3，表4）。

表 3. 代表的な 1 群の母平均との差の検定（両側検定）

母集団	帰無仮説	検定統計量	棄却域
正規分布 （母分散既知）	$\mu = \mu_0$	$Z = \dfrac{\overline{X} - \mu_0}{\sigma/\sqrt{n}}$	$Z < -z_{\frac{a}{2}}, \ Z > z_{\frac{a}{2}}$
正規分布 （母分散未知）	$\mu = \mu_0$	$T = \dfrac{\overline{X} - \mu_0}{S/\sqrt{n}}$	$T < -t_{\frac{a}{2}}(n-1), \ T > t_{\frac{a}{2}}(n-1)$
一般母集団 （大標本）	$\mu = \mu_0$	$T = \dfrac{\overline{X} - \mu_0}{S/\sqrt{n}}$	$Z < -z_{\frac{a}{2}}, \ Z > z_{\frac{a}{2}}$

表 4. 代表的な 2 群の平均の差の検定（両側検定）

母集団	帰無仮説	検定統計量	棄却域
2 つの 正規分布 （母分散既知）	$\mu_1 = \mu_2$	$Z = \dfrac{\overline{X_1} - \overline{X_2}}{\sqrt{\dfrac{\sigma_1^2}{n_1} + \dfrac{\sigma_2^2}{n_2}}}$	$Z < -z_{\frac{a}{2}}, \ Z > z_{\frac{a}{2}}$
2 つの 正規分布 （母分散未知， 等分散）	$\mu_1 = \mu_2$	$T = \dfrac{\overline{X_1} - \overline{X_2}}{\sqrt{\hat{\sigma}^2\left(\dfrac{1}{n_1} + \dfrac{1}{n_2}\right)}}$ $\hat{\sigma}^2 = \dfrac{(n_1-1)s_1^2 + (n_2-1)s_2^2}{n_1 + n_2 - 2}$	$T < -t_{\frac{a}{2}}(n_1 + n_2 - 2)$ $T > t_{\frac{a}{2}}(n_1 + n_2 - 2)$
2 つの 正規分布 （母分散未知， 等分散でない）	$\mu_1 = \mu_2$	$T = \dfrac{\overline{X_1} - \overline{X_2}}{\sqrt{\dfrac{s_1^2}{n_1} + \dfrac{s_2^2}{n_2}}}$	$T < -t_{\frac{a}{2}}(v),$ $T > t_{\frac{a}{2}}(v)$ $v = \dfrac{\left(\dfrac{s_1^2}{n_1} + \dfrac{s_2^2}{n_2}\right)^2}{\dfrac{s_1^4}{n_1^2(n_1-1)} + \dfrac{s_2^4}{n_2^2(n_2-1)}}$
2 つの一般 母集団 （大標本）	$\mu_1 = \mu_2$	$Z = \dfrac{\overline{X_1} - \overline{X_2}}{\sqrt{\dfrac{s_1^2}{n_1} + \dfrac{s_2^2}{n_2}}}$	$T < -z_{\frac{a}{2}}, \ T > z_{\frac{a}{2}}$

4節 分析事例④ 回帰分析
― 主観的幸福度と個人属性の関係 ―

統計分析の力をつけるには，様々な分析についての経験を積むことが大切で，そのために分析事例を通じて分析の進め方を理解することも必要になってくる。分析事例をお手本にして自分自身の分析を進めるわけである。本節では，実際の調査データを使った重回帰分析の分析事例を示す。

1 データ諸元と分析の枠組み

本節では，3章1節で用いたデータのうち2022年のデータのみを用いて，重回帰分析の分析例を紹介する。

重回帰分析の目的変数は，2節で分析したものと同じ主観的幸福度である。目的変数を主観的幸福度とし，年齢や年収等の様々な項目を取捨選択しながら，説明変数を変えながら，重回帰分析で主観的幸福度の構造を明らかにしていく。

2 分析対象データの記述統計量

重回帰分析等の多変量解析を行う場合でも，最初にやることは記述統計量の把握である。今回の分析に使用する主な記述統計量は表1の通りである。

表1. 分析対象データに関する記述統計量

変数	データ個数	平均	標準偏差	最小	最大	備考
主観的幸福度	159,304	6.57	2.09	1	10	10段階
年齢	159,304	45.60	13.17	20	75	
女性ダミー	159,304	49.5%	–	0	1	
既婚ダミー	159,304	62.8%	–	0	1	
子どもありダミー	159,304	56.8%	–	0	1	
持ち家ダミー	159,304	50.0%	–	0	1	
大卒ダミー	159,304	44.3%	–	0	1	
通勤時間	122,590	24	27	0	120	分
週労働時間	122,590	36	18	0	80	時間
個人年収	159,304	306	275	0	1,350	万円
個人金融資産	146,987	508	1,065	0	9,999	万円

通勤時間と週労働時間は無職や学生，主婦等を含まない。そのためデータ個数が 122,590 となっている。

3　主観的幸福度を目的変数とした重回帰分析 ⋯⋯⋯

1章7節で説明した重回帰分析を用いた分析例を表2に示す。

表2は，主観的幸福度を目的変数として，説明変数を変えて重回帰分析を行った結果である。（スペースの関係で分割して掲載）

4　重回帰分析の結果の解釈 ⋯⋯⋯⋯⋯⋯⋯⋯⋯⋯⋯⋯⋯⋯

モデル1は，説明変数が年齢ダミーだけのもので，20歳代をベースラインとして（基準として）60歳代，70歳代の偏回帰係数が1％水準有意でプラスであり，高齢になると幸福度が高まるように解釈できる。これは2節の記述統計分析と同じ結果である。

モデル2は年齢ダミーに，性別・未既婚・子どもの有無を説明変数に加えたもので，偏回帰係数をみると1％水準有意で，男性より女性のほうが，未婚より既婚のほうが，子どもなしよりありのほうが，幸福度が高くなっている。しかし，年齢ダミーの効果は60歳代，70歳代でもベースラインの20歳代に対して，1％水準有意でマイナスとなっている。

これが変数統制されたということであり，記述統計分析と年齢ダミーだけを説明変数に使った重回帰分析で60歳以上の高齢者の幸福度が高かったのは年齢が原因ではなく，60歳代，70歳代は既婚率が若年層よりも高く，子どもありの比率も高まり，70歳以上では女性比率が高まるといった要因で，高齢者の幸福度が高まっている，という解釈が可能になる。

表2. 主観的幸福度を目的変数とした重回帰分析の結果

モデル			モデル1		モデル2	
		サンプルサイズ	159,304		159,304	
		自由度修正済み決定係数	0.010		0.100	
		AIC	585,784		639,864	
変数	分析結果	データ個数 / 平均	構成比 / 標準偏差	回帰係数　P値		回帰係数　P値	
目的変数	主観的幸福度	6.57	2.09				
年齢	20歳代	21,477	13.5%	baseline		baseline	
	30歳代	33,853	21.3%	− 0.05	0.9%	− 0.41	0.0%
	40歳代	39,932	25.1%	− 0.33	0.0%	− 0.66	0.0%
	50歳代	37,954	23.8%	− 0.33	0.0%	− 0.70	0.0%
	60歳代	20,553	12.9%	0.15	0.0%	− 0.34	0.0%
	70歳代	5,535	3.5%	0.45	0.0%	− 0.11	0.0%
性別	男性	80,451	50.5%			baseline	
	女性	78,853	49.5%			0.29	0.0%
未既婚	未婚	59,299	37.2%			baseline	
	既婚	100,005	62.8%			1.11	0.0%
子ども	なし	68,868	43.2%			baseline	
	あり	90,436	56.8%			0.29	0.0%
個人年収	000 − 399	103,851	65.2%				
	400 − 799	43,387	27.2%				
	800 − 1199	10,668	6.7%				
	1200 − 1350	1,398	0.9%				
個人資産	0	51,649	32.4%				
	1 − 99	18,303	11.5%				
	100 − 499	35,888	22.5%				
	500 − 999	15,507	9.7%				
	1000 − 1999	12,766	8.0%				
	2000 − 4999	9,935	6.2%				
	5000over	2,939	1.8%				
学歴	高卒未満	88,780	55.7%				
	大卒以上	70,524	44.3%				
住居	持ち家以外	79,595	50.0%				
	持ち家	79,709	50.0%				

通勤時間	90 分未満	155,668	97.7%				
	90 分以上	3,636	2.3%				
週労働時間	60 時間未満	152,922	96.0%				
	60 時間以上	6,382	4.0%				
地域評価	居住満足度	0.60	0.86				
建物評価	建物満足度	0.57	0.91				
自己認知	私生活より仕事を優先する	− 0.47	1.10				
	健康には自信がある	− 0.07	1.11				
	未来は明るい	− 0.16	1.10				
	家族関係は良好だ	0.65	1.11				
	仕事は順調だ	0.04	1.07				
	収入に大変満足している	− 0.43	1.14				
	社会的地位に大変満足している	− 0.11	1.02				
	下流だと思う	0.22	1.09				
	社会的地位などに劣等感を感じる	0.17	1.11				
定数項				6.70	0.0%	6.02	0.0%

主観的幸福度は 1 ～ 10 の 10 段階評価，居住満足度～社会的地位などに劣等感を感じるは，− 2 ～ 2 の 5 段階評価

表 2. 主観的幸福度を目的変数とした重回帰分析の結果（続き）

モデル	モデル 3		モデル 4		モデル 5	
サンプルサイズ	159,304		159,304		159,304	
自由度修正済み決定係数	0.134		0.254		0.469	
AIC	663,538		669,690		684,850	
分析結果						
変数	回帰係数	P 値	回帰係数	P 値	回帰係数	P 値
目的変数　主観的幸福度						
年齢　20 歳代	baseline		baseline		baseline	
30 歳代	− 0.48	0.0%	− 0.41	0.0%	− 0.21	0.0%
40 歳代	− 0.75	0.0%	− 0.62	0.0%	− 0.29	0.0%
50 歳代	− 0.83	0.0%	− 0.67	0.0%	− 0.31	0.0%
60 歳代	− 0.50	0.0%	− 0.40	0.0%	− 0.17	0.0%
70 歳代	− 0.27	0.0%	− 0.27	0.0%	− 0.14	0.0%
性別　男性	baseline		baseline		baseline	
女性	0.57	0.0%	0.46	0.0%	0.23	0.0%
未既婚　未婚	baseline		baseline		baseline	
既婚	0.96	0.0%	0.88	0.0%	0.53	0.0%
子ども　なし	baseline		baseline		baseline	
あり	0.26	0.0%	0.26	0.0%	0.19	0.0%
個人年収　000 − 399	baseline		baseline		baseline	
400 − 799	0.34	0.0%	0.24	0.0%	0.03	0.4%
800 − 1199	0.56	0.0%	0.42	0.0%	0.00	99.9%
1200 − 1350	0.76	0.0%	0.52	0.0%	− 0.05	20.8%
個人資産　0	baseline		baseline		baseline	
1 − 99	0.18	0.0%	0.06	0.0%	0.05	0.0%
100 − 499	0.33	0.0%	0.18	0.0%	0.09	0.0%
500 − 999	0.44	0.0%	0.27	0.0%	0.12	0.0%
1000 − 1999	0.48	0.0%	0.31	0.0%	0.11	0.0%
2000 − 4999	0.56	0.0%	0.36	0.0%	0.10	0.0%
5000over	0.66	0.0%	0.47	0.0%	0.13	0.0%
学歴　高卒未満	baseline		baseline		baseline	
大卒以上	0.24	0.0%	0.12	0.0%	0.02	6.1%
住居　持ち家以外	baseline		baseline		baseline	
持ち家	0.28	0.0%	0.11	0.0%	0.06	0.0%

		model1		model2		model3	
通勤時間	90分未満	baseline		baseline		baseline	
	90分以上	−0.27	0.0%	−0.20	0.0%	−0.15	0.0%
週労働時間	60時間未満	baseline		baseline		baseline	
	60時間以上	−0.24	0.0%	−0.21	0.0%	−0.14	0.0%
地域評価	居住満足度			0.40	0.0%	0.22	0.0%
建物評価	建物満足度			0.55	0.0%	0.27	0.0%
自己認知	私生活より仕事を優先する					−0.07	0.0%
	健康には自信がある					0.09	0.0%
	未来は明るい					0.40	0.0%
	家族関係は良好だ					0.37	0.0%
	仕事は順調だ					0.17	0.0%
	収入に大変満足している					0.14	0.0%
	社会的地位に大変満足している					0.15	0.0%
	下流だと思う					−0.15	0.0%
	社会的地位などに劣等感を感じる					−0.10	0.0%
定数項		5.51	0.0%	5.23	0.0%	5.78	0.0%

主観的幸福度は 1 ～ 10 の 10 段階評価，居住満足度～社会的地位などに劣等感を感じるは，−2 ～ 2 の 5 段階評価

　しかし，モデルの説明力を表す自由度修正済み決定係数をみると，モデル 1 では 0.01 とほぼ説明力はなく，モデル 2 でも 0.1 と説明力は非常に低い。

　これは，説明変数が足りないことを明確に示しており，こうした説明力の不足は説明変数が足りないことが原因であるため，過小定式化バイアスと呼ばれ，分析としては不適切だとされている。

　そのため，説明変数を増やして分析を追加するわけだが，どのような説明変数を用いれば説明力があがるのかを見つけ出すのは容易ではない。よく使われる手法としては，目的変数との相関係数をすべての変数について計算し，相関係数の高い順番に変数に追加したり，全変数を使って推計を行い，一定の有意水準以下の変数を順次取り除いて推計を繰り返していくステップワイズといった方法がある。

　それでも現状では，該当分野に関する知識が豊富な分析者が，変数を取捨選択していくほうが良いモデルを見つけ出せることが多い。また，今回は用いていないが，複数の変数を掛け合わせるような交差項と呼ばれる変数を新たに創

り，モデルを構築することもある。

　一方，説明変数を増やせば説明力は上がっていくことが多いが，分析対象とした データセット特有の傾向等に過剰に適合してしまういわゆる**過学習**（overfitting）という問題を引き起こす場合がある。こうした場合に変数をどの程度用いるのが適切であるかを判断する指標としてAIC（Akaike's Information Criterion：赤池情報量基準）がある。AICには○○以下であることが望ましいといった基準はないが，目的変数が同じで説明変数が異なるモデルを比較する際に，AICが小さいほうが相対的にモデルの複雑さとデータの適合度のバランスがとれているとされている。ただし，AICの小さなモデルが必ず最良であるとは限らず，他の指標も含めて判断する必要がある。

　また，説明変数間の相関関係が強いものが存在する場合には，**多重共線性**（multicollinearity：マルチコ）と呼ばれる問題が発生することがある。

　多重共線性は，回帰モデル等の多変量解析を行う場合に，結果が不安定になり，自由度修正済み決定係数や個別の偏回帰係数が極端に高くなったり，低くなったりするといった問題を引き起こす。多重共線性の判断には**VIF**（Variance Inflation Factor）と呼ばれる指標を使うことが多く，10を基準値にすることが多い。

　こうしたことを考慮して，モデル3では個人年収と個人金融資産，学歴，住居，通勤時間と週労働時間をダミー変数化して説明変数に加えたが，自由度修正済み決定係数はモデル2の0.1より上がったとはいえ0.134に過ぎず，説明力は低い。それでも，年齢ダミーの偏回帰係数がモデル2とは変わっている点には注意してみてほしい。

　モデル4では，さらに居住満足度と建物満足度を説明変数に加え，自由度修正済み決定係数は0.254まで上がってきたが，これでもまだ説明力が高いとはいえない。

　モデル5では，さらに，「健康には自信がある」「家族関係は良好だ」といった自己認知に関する項目を説明変数に加え，自由度修正済み決定係数は，0.469に上昇している。このくらいの値になれば一定の説明力があるモデルといえるだろう。

　このモデル5で説明力を上げたのは，自己認知に関する説明変数を加えたためであり，主観的幸福度は，本人の気持ちの持ちようや元々の性格が大きく影

響していることを示している。

　また，モデル3とモデル4では，一定の影響があった（偏回帰係数がそれなりに大きな数値であった）個人年収の効果がほとんどなくなっていることにも注目する必要がある。これは，個人年収というお金に関することは，それが直接，幸福度を押し上げるのではなく，お金を通じて，収入への満足感や，社会的地位への満足感，家族との旅行，といったことを通じて幸福度を押し上げることを強く示唆している。つまり，お金を稼ぐだけでは，幸福にはつながらないということである。このように，説明変数を順次増やしながら，その結果を見つつ分析を進めることが重要である。

　ここまでのモデルはデータ全体を対象として分析を行っているが，もう1つ重要な手法としては，説明変数を変えずに，分析対象となるデータを変えて分析することがある。これはいわゆる層別化と呼ばれる手法であり，モデル5を男性と女性に，既婚者と未婚者に分けて分析した結果を表3に示す。

　表3の層別化した結果をみると，女性のほうが，未婚者のほうが高齢者の幸福度がやや高い（偏回帰係数が大きい）こと，子どもがいることは女性のほうが幸福度を高める効果が大きいこと，女性は学歴と持ち家の効果が小さいこと，男性と既婚者のほうが長時間労働のマイナス効果が小さいこと，仕事の満足度は既婚者が一番効果が小さいことといったような違いがあることがわかる。こうした傾向の違いを様々な層別化を行うことで，さらに詳しく調べることができる。

　このように，重回帰分析は様々な場面で利用可能であり，1章7節で紹介した主成分分析や因子分析，クラスター分析等と組み合わせて分析を行う場合も多い。

　さらに，重回帰分析と似たような手法に，ダミー変数を目的変数にした場合のロジスティック回帰分析や，連続した量的変数ではない順序尺度である変数を目的変数とした場合の順序プロビット分析などがある。

　このような古典的な統計手法とは別に，深層学習系の手法もあるが，古典的な統計手法は，結果の解釈が行いやすいのに対して，深層学習系の手法は結果の解釈が簡単ではなく，少しでも精度を上げる必要があるような場合を除けば，まずは古典的な統計手法で分析してみるべきだろう。

表 3. 層別化した主観的幸福度を目的変数とした重回帰分析の結果

モデル		モデル5-男性		モデル5-女性		モデル5-既婚		モデル5-未婚	
サンプルサイズ		80,451		159,304		159,304		159,304	
自由度修正済み決定係数		0.469		0.469		0.469		0.469	
AIC		296,902		288,428		352,361		229,014	
変数	分析結果	回帰係数	P値	回帰係数	P値	回帰係数	P値	回帰係数	P値
目的変数	主観的幸福度								
年齢	20歳代	baseline		baseline		baseline		baseline	
	30歳代	−0.35	0.0%	−0.14	0.0%	−0.19	0.0%	−0.23	0.0%
	40歳代	−0.46	0.0%	−0.20	0.0%	−0.33	0.0%	−0.23	0.0%
	50歳代	−0.45	0.0%	−0.23	0.0%	−0.38	0.0%	−0.21	0.0%
	60歳代	−0.29	0.0%	−0.16	0.0%	−0.25	0.0%	−0.10	0.2%
	70歳代	−0.27	0.0%	−0.11	1.0%	−0.26	0.0%	−0.01	82.9%
性別	男性	baseline		baseline		baseline		baseline	
	女性	(omitted)		(omitted)		0.11	0.0%	0.34	0.0%
未既婚	未婚	baseline		baseline		baseline		baseline	
	既婚	0.62	0.0%	0.44	0.0%	(omitted)		(omitted)	
子ども	なし	baseline		baseline		baseline		baseline	
	あり	0.14	0.0%	0.21	0.0%	0.11	0.0%	0.33	0.0%
個人年収	000−399	baseline		baseline		baseline		baseline	
	400−799	0.05	0.0%	−0.03	7.8%	−0.01	61.2%	−0.01	66.9%
	800−1199	−0.01	75.4%	−0.06	23.9%	−0.02	42.4%	0.02	68.1%
	1200−1350	−0.08	6.6%	0.00	99.0%	−0.04	34.0%	0.04	77.4%
個人資産	0	baseline		baseline		baseline		baseline	
	1−99	0.07	0.0%	0.03	6.8%	0.02	22.0%	0.08	0.0%
	100−499	0.12	0.0%	0.07	0.0%	0.06	0.0%	0.14	0.0%
	500−999	0.16	0.0%	0.10	0.0%	0.10	0.0%	0.17	0.0%
	1000−1999	0.16	0.0%	0.06	1.3%	0.10	0.0%	0.15	0.0%
	2000−4999	0.13	0.0%	0.08	1.3%	0.08	0.0%	0.15	0.0%
	5000over	0.15	0.0%	0.10	10.8%	0.09	0.9%	0.21	0.0%
学歴	高卒未満	baseline		baseline		baseline		baseline	
	大卒以上	0.03	0.3%	−0.00	80.4%	−0.01	16.2%	0.08	0.0%

住居	持ち家以外	baseline		baseline		baseline		baseline	
	持ち家	0.09	0.0%	0.02	3.5%	0.06	0.0%	0.07	0.0%
通勤時間	90 分未満	baseline		baseline		baseline		baseline	
	90 分以上	−0.16	0.0%	−0.17	0.1%	−0.16	0.0%	−0.13	0.3%
週労働時間	60 時間未満	baseline		baseline		baseline		baseline	
	60 時間以上	−0.12	0.0%	−0.18	0.0%	−0.13	0.0%	−0.18	0.0%
地域評価	居住満足度	0.23	0.0%	0.21	0.0%	0.19	0.0%	0.26	0.0%
建物評価	建物満足度	0.30	0.0%	0.25	0.0%	0.25	0.0%	0.31	0.0%
自己認知	私生活より仕事を優先する	−0.06	0.0%	−0.08	0.0%	−0.07	0.0%	−0.07	0.0%
	健康には自信がある	0.10	0.0%	0.08	0.0%	0.08	0.0%	0.11	0.0%
	未来は明るい	0.35	0.0%	0.43	0.0%	0.34	0.0%	0.46	0.0%
	家族関係は良好だ	0.33	0.0%	0.39	0.0%	0.46	0.0%	0.23	0.0%
	仕事は順調だ	0.20	0.0%	0.14	0.0%	0.11	0.0%	0.24	0.0%
	収入に大変満足している	0.15	0.0%	0.13	0.0%	0.15	0.0%	0.13	0.0%
	社会的地位に大変満足している	0.16	0.0%	0.14	0.0%	0.13	0.0%	0.17	0.0%
	下流だと思う	−0.13	0.0%	−0.16	0.0%	−0.13	0.0%	−0.17	0.0%
	社会的地位などに劣等感を感じる	−0.11	0.0%	−0.11	0.0%	−0.09	0.0%	−0.12	0.0%
定数項		5.82	0.0%	6.03	0.0%	6.47	0.0%	5.67	0.0%

主観的幸福度は 1 ～ 10 の 10 段階評価，居住満足度～社会的地位などに劣等感を感じるは，−2 ～ 2 の 5 段階評価

5 分析結果の誤った解釈

これまでの章で，区間推定や線形回帰が非常に強力な数値分析のツールであることが示された。一方で，分析の設計や分析結果の解釈については，分析者である我々が気をつけなければならない点も多い。本節では，実際のレポート例を交えつつ，よくある分析結果の誤った解釈の事例を紹介していく。

1 分散・標準偏差の解釈

記述統計量は表1の通りである。表1より，体重のほうが分散の値が小さく，身長に比べてデータのばらつきは小さいことがわかる。

表1. 記述統計量

	身長	体重
平均値	150.3	50.0
分散	246.49	179.56
標準偏差	15.7	13.4

厚生労働省　「国民健康・栄養調査」　2018年度確報版　女性　総数
分散については，標準偏差より作成

以上の例は，使用したデータ全体の記述統計量を記載したレポート例である。データのばらつきをみるために，分散あるいは標準偏差を計算している点は良いが，問題となるのは「体重のほうが分散の値が小さく，身長に比べて**データのばらつきは小さいことがわかる**」とした箇所である。

1章5節で前述した通り，分散の単位は元のデータの単位の2乗である。すなわち，分散は元のデータの単位に依存する。そのため，この場合は身長の分散の単位は$(cm)^2$となるし，体重の分散の単位は$(kg)^2$となり，単位が異なるため単純に比較することができない。標準偏差は分散の平方根（$\sqrt{}$）をとったものであるため，身長の標準偏差の単位はcm，体重の標準偏差の単位はkgとなり，こちらも単位が異なるため単純比較はできない。

データのばらつきを，単位の違うデータ同士で比較したい場合は，**変動係数**

(Coefficient of Variation)[1)] を計算して比較することが望ましい。

$$CV(変動係数) = \frac{\sigma(標準偏差)}{\mu(平均値)}$$

変動係数は，標準偏差を平均値で割ったもので，単位のない相対的なばらつきを表す統計量である。変動係数は単位がないため，元のデータの単位に依存せず，変数同士のばらつきを比較する際に適している。

ここで，前述の例について変動係数を計算した結果を表2に示す。

表2. 記述統計量（修正）

	身長	体重
平均値	150.3	50.0
標準偏差	15.7	13.4
変動係数	0.1045	0.2680

厚生労働省 「国民健康・栄養調査」 2018年度確報版　女性　総数
変動係数については，標準偏差より作成

変動係数を比較すると，身長の変動係数は0.10，体重の変動係数は0.27であり，体重のほうが身長に比べて，データのばらつきが大きいことがわかる。標準偏差の値自体は体重のほうが小さく，ここから，標準偏差を比較しただけでは，誤った解釈をしていたおそれがあることがわかる。

なお，データの単位が同じもの同士のばらつきを比較する場合，例えば男性の身長と女性の身長のばらつきを比較する場合などは，分散および標準偏差を比較しても問題がない。

2 推定係数が有意ではない ・・・・・・・・・・・・・・・・・・・・・

説明変数として使用した人口の推定係数は統計的に有意とはならず，目的変数であるGDPと説明変数である人口は，因果関係がないことが明らかになった。

1）相対標準偏差（Relative Standard Deviation, RSD）とも呼ばれる。

表 3. 推定結果

目的変数：GDP	回帰係数の推定値	p 値
定数項	− 20187.52	0.0001***
人口	− 29.18	0.248
自由度修正済み決定係数		0.87

註：表中の *** は有意水準 1% で統計的に有意であることを示す。

　これも回帰分析の推定結果の解釈において，非常によくある誤りである。推定係数の t 値あるいは p 値を算出し，統計的に有意ではないことが明らかになった場合は，あくまでも「統計的に因果関係があるかどうか**わからない**」だけであり，「**因果関係がない**」とはいえない。

　この例の場合の帰無仮説 H_0 は，人口（説明変数）の回帰係数 b が 0 と有意差がない，すなわち，$b=0$ である。一方で対立仮説 H_1 は，回帰係数 b が 0 と有意に差がある，すなわち，$b \neq 0$ である。統計的に有意である場合は，この帰無仮説 H_0 を棄却して対立仮説 H_1 を採択する，すなわち，$b \neq 0$ が証明されたといって差し支えない。一方で，統計的に有意でない場合は，帰無仮説 H_0 が棄却されないことが明らかになっただけであり，かといって積極的に帰無仮説 H_0 を採択することにはならない。すなわち，$b=0$ が証明されたことにはならない。

　これらのことから，統計的に有意ではなかった場合の推定結果の解釈としては，あくまでも「因果関係があるかどうかわからない」とまでしかいえず，「因果関係がなかった」と言い切ることはできない。

　このレポート例の場合は，「説明変数として使用した人口の推定係数は統計的に有意とはならず，目的変数である GDP と説明変数である人口は，**因果関係の有無は不明**である」などと修正したほうが適切である。

③ 説明変数と目的変数の解釈 ･･･････････････････

　人口の増加が CO_2 排出量に与える影響をみるために，以下の式を用いて回帰分析を行った。

$$(人口_i) = a + b(CO_{2i}) + \varepsilon_i$$

推定の結果より，$b = 0.35$ となり，有意水準 5 ％で統計的に有意な結果を

得た。ここから，人口が 1 単位増加すると，CO_2 排出量が 0.35 単位増加
することが明らかになった。

　上記の分析の問題は，原因と結果の設定である。分析モデルの式をみると，
目的変数（左辺）に「人口」，説明変数（右辺）に「CO_2 排出量」が設定され
ている。ここからわかることは，原因＝CO_2 排出量，結果＝人口，という設定
がなされていることである。すなわち，文意である「人口の増加が CO_2 排出
量に与える影響をみる」ためには，原因と結果の設定が逆である。

　回帰分析の結果の読み方としては，原因が 1 単位増えたときに，結果が β 単
位増えた（あるいは減った）という読み方になる。つまり，上記分析は $b = 0.35$
かつ統計的に有意であるという結果であるならば，「CO_2 排出量（原因）が 1
単位増加すると，人口（結果）が 0.35 単位増加する」という結果となる。

　文意の通りに，「人口の増加が CO_2 排出量に与える影響をみる」のが目的で
あるならば，説明変数（原因）＝人口，目的変数（結果）＝CO_2 排出量として設定
した以下の式を分析すべきである。

$$(CO_{2i}) = a + b(人口\ i) + \varepsilon_i$$

4　自由度修正済み決定係数がマイナス値・・・・・・・・・・

　自由度修正済み決定係数の値は -0.0012 であり，モデルの当てはまりは非
常に悪い。

　これもレポートとしてよく見かける例である。1 章 7 節で述べた通り，決定
係数 R^2 は 0 から 1 までの間の値をとり，値が大きいほど（1 に近いほど），モ
デルの当てはまりは良好であると判断する[1]。すなわち，$0 \leq R^2 \leq 1$ となるは
ずであり，理論的にはマイナス値はとりえない。

　自由度修正済み決定係数は，決定係数 R^2 を自由度で調整した値である。こ
こでいう自由度とは，（データの数 － 説明変数の数 － 1）である。この － 1 は定
数項の分を表す。すなわち，推定に用いるデータ数が同じであれば，説明変数

---

[1] 決定係数の値として，いくつ以上であれば良好であるなどの絶対的な指標は存在しないが，異なる
　回帰モデル間での良し悪しを判断することができる。また，判断の目安となる数値は学問分野（使
　用データ）によっても異なる。

の数が増えるほど，自由度の値は小さくなる。自由度修正済み決定係数 $AdjR^2$ は以下の式から算出される。

$$AdjR^2 = 1 - \frac{\left(\dfrac{残差の変動}{自由度}\right)}{\left(\dfrac{全体の変動}{データの数-1}\right)}$$

変動とは，データのばらつき具合を示す数値である。残差の変動とは，回帰分析における予測値と，実際のデータのズレに，どれくらいのばらつきがあるかを示した数値である。同様に，全体の変動とは，実際のデータ自体のばらつきを示したもの，自由度は前述の通り，データの数 -1 は説明変数の個数がゼロの場合の自由度である。

この式をみると，自由度修正済み決定係数 $AdjR^2$ がマイナスになるのは，右辺第 2 項の分数部分が 1 以上になるときである。分数部分が 1 以上になるということは，分子が分母よりも大きいときである。すなわち，

$$\left(\frac{残差の変動}{自由度}\right) > \left(\frac{全体の変動}{データの数-1}\right)$$

となるときである。上記の式の分母をまず比較すると，左辺分母の［自由度］は，（データの数 - 説明変数の数 -1）であるため，右辺分母よりも説明変数の数だけ小さい値となる。分子を比較すると，左辺分子の［残差の変動］は，目的変数と関係のない説明変数（説明力の低い説明変数）ばかりを使用した場合は，右辺分子の［全体の変動］に近似していく。

以上のことをまとめると，**説明変数の個数が多いが，説明力が低い（目的変数との関係性が薄い）場合**に，自由度修正済み決定係数はマイナス値をとることになる。「モデルの当てはまりは非常に悪い」とする読み方は誤りではないが，分析モデル自体や説明変数の選択，分析に使用したデータの特徴などを改めて見直したほうがよい。

5 分析手法の選択の誤り ‥‥‥‥‥‥‥‥‥‥‥‥

> サッカーの試合の勝敗（勝ちの場合に 1，それ以外の場合に 0 とする）に影響を与える要因を明らかにするため，最小二乗法（OLS）を用いて分析を行う。

この事例の場合，サッカーの試合の勝敗，すなわち質的データを1と0に置き換える方法は，数値分析を行う上では非常に有用ではあるが，最小二乗法（OLS）を用いて分析を行うことに問題がある。最小二乗法を用いることができるデータの前提条件としては，主に以下の5点が挙げられる。

　①説明変数 x_i が確率変数ではない

　②データの数 n が大きくなるとき，偏差平方和は無限大∞になる

　③誤差項の期待値は0である[1]

　④誤差項の分散は一定である（均一分散性）[2]

　⑤誤差項は互いに無相関である（独立性）[3]

　これらの条件を満たすモデルを古典的回帰モデル（CRM：Classical Regression Model）といい，さらに

　⑥誤差項は正規分布に従う（正規性）[4]

も併せて満たすようなモデルを古典的正規回帰モデル（CNRM：Classical Normal Regression Model）という。

　特に，古典的回帰モデルにおいて推定された最小二乗推定量（OLSE：Ordinary Least Square Estimator）は，線形不偏推定量の中で最良な推定量（BLUE：Best Linear Unbiassed Estimator）である[5]といわれている。ここでいう「最良」とは，最も推定値 $\hat{\beta}$ の分散が小さいこと，すなわち精緻であることを示す。

　前述の例の分析においては，目的変数が1か0のダミー変数である。そのような場合は，最小二乗法の前提条件のうち，特に④誤差項の分散が一定である仮定を満たさない可能性が高い。また，勝ちの回数，すなわち目的変数が1であるデータが極端に多い（あるいは少ない）場合は，③誤差項の期待値が0である仮定も満たされない可能性が高い。これらのことから，最小二乗法による推定結果は偏り（バイアス）が生じる可能性がある。

　目的変数がダミー変数である（すなわち質的変数である）場合は，プロビッ

1）$E(u_i) = 0$

2）$Var(u_i) = \sigma^2$

3）$Cov(u_i, \ u_j) = 0, \ i \neq j$

4）$u_i \sim N(0, \ \sigma^2)$

5）ガウス・マルコフ定理という。

トモデルやロジットモデル[1]，トービットモデル[2]など，**最小二乗法以外の推定方法を用いることを検討**することが好ましい。

6 疑似相関 ·····································

- 高血圧の人ほど年収が高い
- アイスクリームの売り上げが上がるほど，熱中症患者数が増える
- 少子化が進むと，温暖化が進む

これらは，疑似相関や見せかけの相関といわれる現象である。理論的に考えると何かおかしいと考えられるのだが，実際に相関係数を計算すると，比較的強い相関がみられる現象である。

高血圧の人は，一般的に高齢の人が多いと考えられる。一方で，高齢の人ほど，勤続年数などの観点から，年収は高くなりやすい。この例では，背景にある年齢という変数の見落としが，見せかけの相関の原因となっている。この場合の年齢，すなわち直接的ではなく背景にある重要な変数のことを潜在変数という。同様に，アイスクリームの売り上げは気温が高いほど増加することが予想されるし，熱中症患者数も同様である。この場合の潜在変数は気温である。

少子化と温暖化の事例については，まったく別の要因によって疑似相関が起きている。少子化と温暖化は，両方が同時に進行しているため，相関としては高く計算されるが，相関が高いのはまったくの偶然である。

ここで気をつけるべきは，相関関係と因果関係は別物であるということである。相関関係とは，変数Aと変数Bの間に「関係性がある」ということを述べているにすぎず，原因と結果の関係（因果関係）ではない。つまり，変数Aが増えた「から」変数Bが「増えた」あるいは「減った」などとはいえない。相関関係がある，すなわち**相関係数の絶対値が大きいからといって，因果関係があるとはいえない**。

---

1) 確率分布関数の想定による。質的変数の背景に想定される潜在変数の確率分布として，標準正規分布を想定する場合はプロビットモデル，ロジスティック分布を想定する場合はロジットモデルを用いる。
2) 目的変数がある水準以下または以上で打ち切られている場合に用いられる。Censored regression（打ち切りモデル）などと呼ばれることもある。

集落 A には 30 戸の農家がある。集落 A にある農家の年収について調査
を行うため，30 戸すべての農家に年収に関する調査を行って回答を得た。
このサンプルサイズ 30 のデータを用いて，年収の平均値に関する区間推
定を行う。

　上記の調査および分析において，ポイントとなるのは「30 戸すべての農家
に年収に関する調査を行って回答を得た」ことである。推定とはそもそも，母
集団の特徴が未知である場合に，手元にある標本のデータから，母集団の特徴
を「推し量る」方法である。言い換えれば，推定とは，手元にある標本の平均
値から，母集団の平均値を「推測する」方法である。上記の例の場合では，想
定される母集団は「集落 A にある 30 戸の農家」であり，母集団すべてから「回
答を得た」のであれば，そもそも推定作業は必要がなく，調査から得た母集団
すべてのデータから年収の平均値を計算すればよい。

　以下のレポート例から，推定結果の解釈として不適切と考えられる箇所を指摘せよ。

　子どもの有無が，地方への移住に与える影響について分析を行うため，地方都市 A 町で 3,000 戸に対して，移住の経験の有無と，子どもの有無について，調査票によるアンケート調査を行った。回収率は 52% である。分析モデルは以下の通りである。

$$（移住経験の有無_i）= a + b（子どもの有無_i）+ \varepsilon_i$$

目的変数は移住経験の有無を聞いたダミー変数である。A 町に移住してきた住民である場合は 1，そうでない場合は 0 である。説明変数は子どもの有無を聞いたダミー変数である。ε_i は誤差項である。上記の式を，最小二乗法を用いて分析を行う。

　推定の結果から，$b = 0.23$ であり，統計的に有意とはならなかった。また，自由度修正済み決定係数は -0.00025 であり，モデルの当てはまりは非常に悪い。ここから，子どもの有無は移住の経験の有無に影響を与えないことが明らかになった。

略解

1章：記述統計学
1節　統計データの種類
(1)　1，4
(2)　1，3

2節　記述統計分析としてのクロス集計
(1)　①②③④すべて正しい。
(2)　①②③すべて間違っている。
(3)　略

3節　正規分布とは
(1)　①　平均値
　　　②　対称
　　　③　単峰
　　　④　漸近線
　　　⑤　分散（標準偏差）
(2)　略

4節　データの中心を示す値
(1)　ⅰ．平均値　12　　中央値　11.5
　　　ⅱ．平均値　65　　中央値　70
(2)　81

5節　データの散らばりを示す値
(1)　1.○，2.○，3.○，4.○，5.×
(2)　標準偏差　17.539　　分散　307.6
(3)　略
(4)　11

6節　散布図と相関係数
(1)　略
(2)　共分散　−162.1，相関係数−0.7

7節　回帰分析とその他の代表的な分析手法
解答例
①　回帰分析
②　ロジスティック回帰分析
③　主成分分析

8節　統計データのグラフ表現
(1)　①
(2)　①，③
(3)　①，②
(4)　略

2章：推測統計学
1節　推測統計学の基礎
(1)　$A \cap B = \{2, 4\}$
　　　$A \cup B = \{1, 2, 3, 4, 5, 6, 8, 10\}$
　　　$A^C = \{6, 7, 8, 9, 10\}$
　　　$A^C \cap C = \{6, 9\}$
　　　$B^C \cup C^C = \{1, 2, 3, 4, 5, 7, 8, 9, 10\}$
(2)　$\Pr(A^C) = 1 - \Pr(A) = 1 - 0.3 = 0.7$
　　　$\Pr(B^C) = 1 - \Pr(A) = 1 - 0.2 = 0.8$
　　　$\Pr(A \cup B) = 0.3 + 0.2 = 0.5$
(3)　$\Pr(A \mid B) = 0.5$
　　　$\Pr(A \cap B) = 0.1$

2節　確率分布
(1)　①　期待値：5.2　　分散：2.496
　　　②　0.425
(2)　①　期待値：9　　分散：9
　　　②　0.001

3節　母平均の区間推定・母分散の区間推定
(1)　①　6.7%
　　　②　47 点
(2)　①　98
　　　②　下限値：73.92
　　　　　上限値：88.08

4節　統計的仮説検定
(1)　1.×，2.○，3.○，4.○，5.×
(2)，(3)　略

3章：分析事例
5節　分析結果の誤った解釈
略

参考文献

1 章 1 節

箕輪哲，「パネルデータ分析の基礎と応用」，理論と応用，28 巻 2 号，p. 355-366，2013

1 章 7 節

小西貞則，「多変量解析入門」，岩波書店，2010

青山秀明 他，「経済物理学」，共立出版，2008

Sebastian Raschka and Vahid Mirjalili「Python 機械学習プログラミング第 3 版」，インプレス，2020

索 引

標準正規分布表

z	0.00	0.01	0.02	0.03	0.04	0.05	0.06	0.07	0.08	0.09
0.0	0.50000	0.49601	0.49202	0.48803	0.48405	0.48006	0.47608	0.47210	0.46812	0.46414
0.1	0.46017	0.45620	0.45224	0.44828	0.44433	0.44038	0.43644	0.43251	0.42858	0.42465
0.2	0.42074	0.41683	0.41294	0.40905	0.40517	0.40129	0.39743	0.39358	0.38974	0.38591
0.3	0.38209	0.37828	0.37448	0.37070	0.36693	0.36317	0.35942	0.35569	0.35197	0.34827
0.4	0.34458	0.34090	0.33724	0.33360	0.32997	0.32636	0.32276	0.31918	0.31561	0.31207
0.5	0.30854	0.30503	0.30153	0.29806	0.29460	0.29116	0.28774	0.28434	0.28096	0.27760
0.6	0.27425	0.27093	0.26763	0.26435	0.26109	0.25785	0.25463	0.25143	0.24825	0.24510
0.7	0.24196	0.23885	0.23576	0.23270	0.22965	0.22663	0.22363	0.22065	0.21770	0.21476
0.8	0.21186	0.20897	0.20611	0.20327	0.20045	0.19766	0.19489	0.19215	0.18943	0.18673
0.9	0.18406	0.18141	0.17879	0.17619	0.17361	0.17106	0.16853	0.16602	0.16354	0.16109
1.0	0.15866	0.15625	0.15386	0.15151	0.14917	0.14686	0.14457	0.14231	0.14007	0.13786
1.1	0.13567	0.13350	0.13136	0.12924	0.12714	0.12507	0.12302	0.12100	0.11900	0.11702
1.2	0.11507	0.11314	0.11123	0.10935	0.10749	0.10565	0.10383	0.10204	0.10027	0.09853
1.3	0.09680	0.09510	0.09342	0.09176	0.09012	0.08851	0.08691	0.08534	0.08379	0.08226
1.4	0.08076	0.07927	0.07780	0.07636	0.07493	0.07353	0.07215	0.07078	0.06944	0.06811
1.5	0.06681	0.06552	0.06426	0.06301	0.06178	0.06057	0.05938	0.05821	0.05705	0.05592
1.6	0.05480	0.05370	0.05262	0.05155	0.05050	0.04947	0.04846	0.04746	0.04648	0.04551
1.7	0.04457	0.04363	0.04272	0.04182	0.04093	0.04006	0.03920	0.03836	0.03754	0.03673
1.8	0.03593	0.03515	0.03438	0.03362	0.03288	0.03216	0.03144	0.03074	0.03005	0.02938
1.9	0.02872	0.02807	0.02743	0.02680	0.02619	0.02559	0.02500	0.02442	0.02385	0.02330
2.0	0.02275	0.02222	0.02169	0.02118	0.02068	0.02018	0.01970	0.01923	0.01876	0.01831
2.1	0.01786	0.01743	0.01700	0.01659	0.01618	0.01578	0.01539	0.01500	0.01463	0.01426
2.2	0.01390	0.01355	0.01321	0.01287	0.01255	0.01222	0.01191	0.01160	0.01130	0.01101
2.3	0.01072	0.01044	0.01017	0.00990	0.00964	0.00939	0.00914	0.00889	0.00866	0.00842
2.4	0.00820	0.00798	0.00776	0.00755	0.00734	0.00714	0.00695	0.00676	0.00657	0.00639
2.5	0.00621	0.00604	0.00587	0.00570	0.00554	0.00539	0.00523	0.00508	0.00494	0.00480
2.6	0.00466	0.00453	0.00440	0.00427	0.00415	0.00402	0.00391	0.00379	0.00368	0.00357
2.7	0.00347	0.00336	0.00326	0.00317	0.00307	0.00298	0.00289	0.00280	0.00272	0.00264
2.8	0.00256	0.00248	0.00240	0.00233	0.00226	0.00219	0.00212	0.00205	0.00199	0.00193
2.9	0.00187	0.00181	0.00175	0.00169	0.00164	0.00159	0.00154	0.00149	0.00144	0.00139
3.0	0.00135	0.00131	0.00126	0.00122	0.00118	0.00114	0.00111	0.00107	0.00104	0.00100

t 分布表

v \ α	0.250	0.200	0.100	0.050	0.025	0.010	0.005	0.0005
1	1.0000	1.3764	3.0777	6.3138	12.7062	31.8205	63.6567	636.6192
2	0.8165	1.0607	1.8856	2.9200	4.3027	6.9646	9.9248	31.5991
3	0.7649	0.9785	1.6377	2.3534	3.1824	4.5407	5.8409	12.9240
4	0.7407	0.9410	1.5332	2.1318	2.7764	3.7469	4.6041	8.6103
5	0.7267	0.9195	1.4759	2.0150	2.5706	3.3649	4.0321	6.8688
6	0.7176	0.9057	1.4398	1.9432	2.4469	3.1427	3.7074	5.9588
7	0.7111	0.8960	1.4149	1.8946	2.3646	2.9980	3.4995	5.4079
8	0.7064	0.8889	1.3968	1.8595	2.3060	2.8965	3.3554	5.0413
9	0.7027	0.8834	1.3830	1.8331	2.2622	2.8214	3.2498	4.7809
10	0.6998	0.8791	1.3722	1.8125	2.2281	2.7638	3.1693	4.5869
11	0.6974	0.8755	1.3634	1.7959	2.2010	2.7181	3.1058	4.4370
12	0.6955	0.8726	1.3562	1.7823	2.1788	2.6810	3.0545	4.3178
13	0.6938	0.8702	1.3502	1.7709	2.1604	2.6503	3.0123	4.2208
14	0.6924	0.8681	1.3450	1.7613	2.1448	2.6245	2.9768	4.1405
15	0.6912	0.8662	1.3406	1.7531	2.1314	2.6025	2.9467	4.0728
16	0.6901	0.8647	1.3368	1.7459	2.1199	2.5835	2.9208	4.0150
17	0.6892	0.8633	1.3334	1.7396	2.1098	2.5669	2.8982	3.9651
18	0.6884	0.8620	1.3304	1.7341	2.1009	2.5524	2.8784	3.9216
19	0.6876	0.8610	1.3277	1.7291	2.0930	2.5395	2.8609	3.8834
20	0.6870	0.8600	1.3253	1.7247	2.0860	2.5280	2.8453	3.8495
21	0.6864	0.8591	1.3232	1.7207	2.0796	2.5176	2.8314	3.8193
22	0.6858	0.8583	1.3212	1.7171	2.0739	2.5083	2.8188	3.7921
23	0.6853	0.8575	1.3195	1.7139	2.0687	2.4999	2.8073	3.7676
24	0.6848	0.8569	1.3178	1.7109	2.0639	2.4922	2.7969	3.7454
25	0.6844	0.8562	1.3163	1.7081	2.0595	2.4851	2.7874	3.7251
26	0.6840	0.8557	1.3150	1.7056	2.0555	2.4786	2.7787	3.7066
27	0.6837	0.8551	1.3137	1.7033	2.0518	2.4727	2.7707	3.6896
28	0.6834	0.8546	1.3125	1.7011	2.0484	2.4671	2.7633	3.6739
29	0.6830	0.8542	1.3114	1.6991	2.0452	2.4620	2.7564	3.6594
30	0.6828	0.8538	1.3104	1.6973	2.0423	2.4573	2.7500	3.6460
40	0.6807	0.8507	1.3031	1.6839	2.0211	2.4233	2.7045	3.5510
60	0.6786	0.8477	1.2958	1.6706	2.0003	2.3901	2.6603	3.4602
120	0.6765	0.8446	1.2886	1.6577	1.9799	2.3578	2.6174	3.3735
200	0.6757	0.8434	1.2858	1.6525	1.9719	2.3451	2.6006	3.3398
∞	0.6745	0.8416	1.2816	1.6449	1.9600	2.3263	2.5758	3.2905

ポアソン分布表

x\\μ	0.1	0.2	0.3	0.4	0.5	0.6	0.7	0.8	0.9	1.0	1.5	2.0	2.5	3.0
0	0.905	0.819	0.741	0.670	0.607	0.549	0.497	0.449	0.407	0.368	0.223	0.135	0.082	0.050
1	0.090	0.164	0.222	0.268	0.303	0.329	0.348	0.359	0.366	0.368	0.335	0.271	0.205	0.149
2	0.005	0.016	0.033	0.054	0.076	0.099	0.122	0.144	0.165	0.184	0.251	0.271	0.257	0.224
3		0.001	0.003	0.007	0.013	0.020	0.028	0.038	0.049	0.061	0.126	0.180	0.214	0.224
4				0.001	0.002	0.003	0.005	0.008	0.011	0.015	0.047	0.090	0.134	0.168
5							0.001	0.001	0.002	0.003	0.014	0.036	0.067	0.101
6										0.001	0.004	0.012	0.028	0.050
7											0.001	0.003	0.010	0.022
8												0.001	0.003	0.008
9													0.001	0.003
10														0.001

x\\μ	3.5	4.0	4.5	5.0	5.5	6.0	6.5	7.0	7.5	8.0	8.5	9.0	9.5	10.0
0	0.030	0.018	0.011	0.007	0.004	0.002	0.002	0.001	0.001					
1	0.106	0.073	0.050	0.034	0.022	0.015	0.010	0.006	0.004	0.003	0.002	0.001	0.001	
2	0.185	0.147	0.112	0.084	0.062	0.045	0.032	0.022	0.016	0.011	0.007	0.005	0.003	0.002
3	0.216	0.195	0.169	0.140	0.113	0.089	0.069	0.052	0.039	0.029	0.021	0.015	0.011	0.008
4	0.189	0.195	0.190	0.175	0.156	0.134	0.112	0.091	0.073	0.057	0.044	0.034	0.025	0.019
5	0.132	0.156	0.171	0.175	0.171	0.161	0.145	0.128	0.109	0.092	0.075	0.061	0.048	0.038
6	0.077	0.104	0.128	0.146	0.157	0.161	0.157	0.149	0.137	0.122	0.107	0.091	0.076	0.063
7	0.039	0.060	0.082	0.104	0.123	0.138	0.146	0.149	0.146	0.140	0.129	0.117	0.104	0.090
8	0.017	0.030	0.046	0.065	0.085	0.103	0.119	0.130	0.137	0.140	0.138	0.132	0.123	0.113
9	0.007	0.013	0.023	0.036	0.052	0.069	0.086	0.101	0.114	0.124	0.130	0.132	0.130	0.125
10	0.002	0.005	0.010	0.018	0.029	0.041	0.056	0.071	0.086	0.099	0.110	0.119	0.124	0.125

●本書の関連データが web サイトからダウンロードできます。

https://www.jikkyo.co.jp/download/ で

「文系のためのデータリテラシー」を検索してください。

提供データ：問題解答・補論

■編修

新井　優太　麗澤大学助教
（あらい　ゆうた）

池川真里亜　麗澤大学准教授
（いけがわ　まりあ）

宗　健　麗澤大学教授
（そう　たけし）

土田　尚弘　麗澤大学准教授
（つちだ　なおひろ）

●表紙・本文基本デザイン──エッジ・デザインオフィス
●組版データ作成──㈱四国写研

2024年1月25日　　初版第 1 刷発行

文系のためのデータリテラシー

●著作者	新井優太、池川真里亜、宗健、土田尚弘	●発行所	実教出版株式会社
●発行者	小田良次		〒102-8377 東京都千代田区五番町 5 番地
●印刷所	壮光舎印刷株式会社		電話 ［営　業］ (03) 3238-7765
			［企画開発］ (03) 3238-7751
			［総　務］ (03) 3238-7700
			https://www.jikkyo.co.jp/

無断複写・転載を禁ず

ISBN　978-4-407-36466-8　C3033

Printed in Japan